物联网技术应用与创新研究

郑红娜　著

吉林科学技术出版社

图书在版编目（CIP）数据

物联网技术应用与创新研究 / 郑红娜著 . -- 长春：
吉林科学技术出版社，2024.6. -- ISBN 978-7-5744
-1429-7

Ⅰ．TP393.4；TP18

中国国家版本馆 CIP 数据核字第 202464J9B7 号

物联网技术应用与创新研究

著	郑红娜
出 版 人	宛 霞
责任编辑	靳雅帅
封面设计	树人教育
制 版	树人教育
幅面尺寸	185mm×260mm
开 本	16
字 数	240 千字
印 张	11
印 数	1~1500 册
版 次	2024 年 6 月第 1 版
印 次	2024 年10月第 1 次印刷

出 版	吉林科学技术出版社
发 行	吉林科学技术出版社
地 址	长春市福祉大路5788 号出版大厦A 座
邮 编	130118
发行部电话/传真	0431-81629529 81629530 81629531
	81629532 81629533 81629534
储运部电话	0431-86059116
编辑部电话	0431-81629510
印 刷	廊坊市印艺阁数字科技有限公司

书 号	ISBN 978-7-5744-1429-7
定 价	70.00元

前　言

当今时代，新一轮科技革命与产业变革正在孕育兴起，信息化发展进入以大数据、云计算、移动互联网、智慧物联网为主要标志的智能化时代，信息网络向着广泛网演进，各类装备通过联网而增强智能。物联网应用已经涉及生产的方方面面，渗透人们的日常工作和生活当中。物联网是通过各种信息传感设备及系统、条码与二维码、全球定位系统（GPS），以各种接入网、互联网等传输信息载体进行信息交换，按约定的通信协议将物与物，人与物之间连接起来，从而实现智能化识别、定位、跟踪、监控和管理的一种信息网络。网络中的任何一个物体都可以寻址和控制，都能实现通信，这是物联网的显著特征。

物联网是通过射频识别、红外感应器、各种信息采集器、全球定位系统、激光扫描器等信息传感设备，按约定的协议，把任何物品通过互联网连接起来，进行信息交换和通信，以实现智能化识别、定位、跟踪、监控和管理的一种网络。物联网产业既是当前我国应对国际经济危机冲击的影响，保持经济发展的重要举措，也是构建现代产业体系、提升产业核心竞争力和实现经济社会可持续发展的必然选择，有助于将基于云计算的物联网支持系统应用到实际领域。目前，各国政府对物联网的扶持力度，社会各界对物联网的关注程度愈演愈烈，行业依据市场需求解读和应用物联网，个人依据经验解读物联网的发展等。他们或将了解并理解物联网的一面；却难对物联网的内涵和外延、物联网的发展路径和整体应用情况有一个清晰的、全局的、客观的认识。

笔者在撰写过程中，借鉴了许多专家和学者的研究成果，在此表示衷心的感谢。本书研究的课题涉及的内容十分广泛，尽管笔者在写作过程中力求完美，但仍难免存在疏漏，恳请各位读者批评指正。

前言

目录

第一章　物联网技术概述

第一节　物联网技术的起源与发展

物联网的概念最早是由麻省理工学院阿什顿教授于 1999 年在美国召开的移动计算和网络国际会议上提出的，其理念是基于射频识别（RFID）、产品电子代码（EPC）等技术，在互联网的基础上，构造了一个实现全球物品信息实时共享的实物互联网 "Internet Of Things"（简称 "物联网"）。

2003 年，美国《技术评论》提出，传感网络技术将是未来改变人们生活的十大技术之首。2005 年 11 月 17 日，在突尼斯举行的信息社会世界峰会（WSIS）上，国际电信联盟（ITU）发布《ITU 互联网报告 2005：物联网》，引用了 "物联网" 的概念。物联网的定义和范围已经发生了变化，覆盖范围有较大的拓展，不再只是指基于 RFID 技术的物联网。报告指出，无所不在的 "物联网" 通信时代即将来临，世界上所有的物体从轮胎到牙刷、从房屋到纸巾都可以通过物联网主动进行交换。RFID 技术、传感器技术、纳米技术、智能嵌入技术将得到更加广泛的应用。

2009 年 1 月，奥巴马就任美国总统后，与美国工商业领袖举行了一次 "圆桌会议"。作为仅有的两名代表之一，IBM 首席执行官彭明盛首次提出 "智慧地球" 这一概念，建议新政府投资新一代的智慧型基础设施。2009 年，美国将新能源和物联网列为振兴美国经济的两大重点。

2013 年 2 月 17 日，国务院发布了《国务院关于推进物联网有序健康发展的指导意见》。物联网在中国受到了政府及全社会极大的关注，其受关注程度是在美国、欧盟以及其他国家和地区不可比拟的。

纵观物联网技术的产生与发展，物联网技术也由最初的互联网、RFID 技术、EPC 标准等转变为包括了光、热等传感网、GPS/GIS 等数据通信技术和人工智能、纳米技术等为实现全世界人与物、物与物实时通信的应用技术。

第二节　物联网概念的界定

一、物联网的定义

目前，业界对物联网的定义存在较大争议，各个地区或组织对于物联网都提出了自己的定义。以下是一些地区或组织关于物联网的定义。

中国物联网校企联盟将物联网定义为：当下几乎所有技术与计算机、互联网技术的结合，实现物体与物体之间的环境和状态信息的实时共享以及智能化的收集、传递、处理、执行等。广义上说，当下涉及的信息技术的应用，都可以纳入物联网的范畴。

国际电信联盟（ITU）发布的《ITU互联网报告2005：物联网》，对物联网做了以下定义：通过二维码识读设备、射频识别（RFID）装置、红外感应器、全球定位系统和激光扫描器等信息传感设备，按约定的协议，把任何物品与互联网相连接，进行信息交换和通信，以实现智能化识别、定位、跟踪、监控和管理的一种网络。

EPC基于"RFID"的物联网定义：物联网是在计算机互联网的基础上，利用RFID、无线数据通信等技术，构造一个覆盖世界上万事万物的"Internet of Things"。在这个网络中，物品（商品）能够彼此进行"交流"，而无须人的干预。其实质是利用RFID技术，通过计算机互联网实现物品（商品）的自动识别和信息的互联与共享。

按照上述定义，目前比较流行，且能够被各方所接受的物联网的定义为：通过RFID、红外感应器、全球定位系统、激光扫描器等信息传感设备，按约定的协议，把任何物品与互联网相连接，进行信息交换和通信，以实现智能化识别、定位、跟踪、监控和管理的一种网络。其目的是让所有的物品都与网络连接在一起，以方便识别和管理。其核心是将互联网扩展应用于我们生活的各个领域。

对于物联网的定义，我们可以从技术和应用两个方面来进行理解。

（1）技术理解：物联网是物体通过感应装置，将数据/信息经过传输网络，传输到指定的信息处理中心，最终实现物与物、人与物的自动化信息交换与处理的智能网络。

（2）应用理解：物联网是把世界上所有的物体都连接到一个网络中，形成"物联网"然后又与现有的互联网相连，实现人类社会与物体系统的整合，达到以更加精细和动态的方式去管理生产和生活的目的。

从物联网产生的背景及物联网的定义中，我们可以总结出物联网的几个特征。

（1）全面感知：利用RFID、二维码、传感器等随时随地获取物体的信息。

（2）可靠传递：通过无线网络与互联网的融合将物体信息实时准确地传递给用户。

（3）智能处理：利用云计算、数据挖掘以及模糊识别等人工智能，对海量的数据和信息进行分析和处理，对物体实施智能化控制。

二、物联网技术的特征

物联网是一种依托于当代信息通信技术和互联网技术的发展而兴起的一种互联网络，它通过在实物上安装和设置的智能识别标识及处理工具，利用红外传感、激光识别、射频识别等技术协议对实物进行识别、解读、操作及管理，实现终端设备间的互联互通。

物联网技术能够赋予事物以特定的身份和活性，使其从孤立的状态转变到一种可监督、可控制的状态之下。其主要具有三类特征，首先是感知技术的综合应用，物联网技术通过部署多种传感器设备进行信息采集，其中传感器会周期性地采集数据并不断地进行更新；其次，物联网是以互联网为基础建立的一种泛在网络，通过有线和无线网络与互联网结合，在适应各种异常网络和协议的基础上将物体的信息实时准确地传递出去；最后，物联网能够将传感器和智能处理技术相结合，对从传感器中获得的大量信息进行挖掘，发现新的应用领域以及服务模式，以满足不同用户的需求。

第三节　物联网的基本架构与标准分析

一、物联网的基本架构

如同物联网的定义一样，目前，物联网还没有统一的、公认的体系架构。结合物联网工业行情分析，物联网的架构可以从两方面理解：①物联网的体系架构；②物联网的技术体系架构。

1. 物联网的体系架构

现在，较为公认的物联网的体系架构分为三个层次：末端感知设备、融合性通信设施和服务支持体系，可简单表述为感知层、网络层、应用层。

（1）感知层，是实现物联网全面感知的基础

以 RFID、传感器、二维码等为主，利用传感器采集设备信息，利用射频识别技术在一定范围内实现发射和识别。主要功能是通过传感设备识别物体，采集信息。例如在感知层中，信息化管理系统利用智能卡技术，作为识别身份、重要信息系统钥匙；建筑中用传感器节点采集室内温度、湿度等，以便及时进行调整。

（2）网络层，是服务于物联网信息汇聚、传输和初步处理的网络设备和平台，通过现有的三网（互联网、广电网、通信网）或者下一代网络（NGN）远距离无缝传输来自传感网所采集的巨量数据信息；它负责对传感器采集的信息进行安全无误的传输，并对收集到的信息进行分析处理，并将结果提供给应用层。同时，网络层"云计算"技术的应用确保建立实用、适用、可靠和高效的信息化系统和智能化信息共享平台，实现对各类信息资源的共享和优化管理。

（3）应用层，主要解决信息处理和人机界面问题，即输入输出控制终端

手机、智能家电的控制器等，主要通过数据处理及解决方案来提供人们所需要的信息服务。应用层直接接触用户，为用户提供丰富的服务功能，用户通过智能终端在应用层上定制需要的服务信息：如查询信息、监控信息、控制信息等。下面是在应用层中的应用举例，例如回家前用手机发条信息，空调就会自动开启；家里漏气或漏水，手机短信会自动报警，随着物联网的发展，应用层会大大拓展到各行各业，给大家带来实实在在的便捷。

目前，描述物联网的体系架构时，多采用 ITU-T 建议中描述的 USN 高层架构。自下而上分为底层传感器网络、泛在传感器网络接入网络、泛在传感器网络基础骨干网络、泛在传感器网络中间件、泛在传感器网络应用平台 5 个层次。

USN 分层架构的一个最大特点是依托下一代网络架构，各种传感器网络在最靠近用户的地方组成无所不在的网络环境，用户在此环境中使用各种服务，NGN 则作为核心的基础设施为 USN 提供支持。实际上，在 ITU 的研究技术路线中，并没有单独针对物联网的研究，而是将人与物、物与物之间的通信作为泛在网络的一个重要功能，统一纳入泛在网络的研究体系中。ITU 在泛在网络的研究中强调两点，一是要在 NGN 的基础上，增加网络能力，实现人与物、物与物之间的泛在通信；二是在 NGN 的基础上，增加网络能力，扩大和增加对广大公众用户的服务。

另外，还有欧美支持的 EPCgiobai "物联网"体系架构和日本的 Ubiquitous ID（UID）物联网系统。EPCgiobai 和泛在 ID 中心（Ubiquitous ID center）都是为推进"ID 标准化"而建立的国际标准化团体，我国也正在积极制定符合国情的物联网标准和架构，马华东等专家按照网络分层的原理，将物联网分成对象感控层、数据传输层、服务支持层、应用服务层构成的四层体系架构。其中对象感控层实现对物理对象的感知和数据获取，并利用执行器对物理对象进行控制；数据传输层提供透明的数据传输能力；服务支持层主要提供对网络获取数据的智能处理和服务支持平台；应用服务层将信息转化为内容提供服务。

综合以上研究，本研究在四层模型的基础之上进行研究，并对其做相应的扩展，扩展后的物联网体系结构为：对象感控层、网络传输层、服务支持层、应用服务层。其中对象感控层实现对物理对象的感知和数据获取，并利用执行器对物理对象进行控制，包

括使用电子标签识别的各种物体、广泛部署的传感器节点及其构成的无线传感器网络、各种智能体、机器人以及自然人；网络传输层通过各种有线网络、无线网络提供透明的信息传输能力；服务支持层主要提供对感知和获取到的各种信息进行智能处理和服务支持平台，包括智能计算、云计算等；应用服务层根据不同的应用领域提供服务。

2. 物联网的技术体系架构

（1）体系结构：在公开发表物联网应用系统的同时，很多研究人员也建立了若干个物联网的体系结构，例如物品万维网的体系结构，它定义了一种面向应用的物联网，把万维网服务嵌入系统中，可以采用简单的万维网服务形式使用物联网，这是一个以用户为中心的物联网体系结构，试图把互联网中成功的、面向信息获取的万维网应用结构转移到物联网上，用于简化物联网的信息发布和获取。

物联网的自主体系结构是为了适应于异常的物联网无线通信环境而设计的体系结构。该自主体系结构采用自主通信技术。自主通信是以自主件为核心的通信，自主件在端到端层次以及中间节点，执行网络控制面已知的或者新出现的任务，自主件可以确保通信系统的可进化特性。物联网的自主体系结构包括了数据面、控制面、知识面和管理面，数据面主要用于数据分组的传递；控制面通过向数据面发送配置报文，优化数据面的吞吐量以及可靠性；知识面提供整个网络信息的完整视图，并且提炼成为网络系统的知识，用于指导控制面的适应性控制；管理面协调和管理数据面、控制面和知识面的交互，提高物联网的自主能力。

物联网的自主体系结构特征主要是由 STP/SP 协议栈和智能层取代了传统的 TCP/IP 协议栈，这里的 STP 和 SP 分别表示智能传输协议和智能协议，物联网节点的智能层主要用于协商交互节点之间 STP/SP 的选择，用于优化无线链路之上的通信和数据传送，满足异构物联网设备之间的联网需求。

这种面向物联网的自主体系结构涉及的协议栈较为复杂，只能适用于计算资源较为丰富的物联网节点。目前物流仓储的物联网应用都依赖于产品电子代码（EPC）网络，该网络主要组成部件包括产品电子代码，这是一种全球范围内标准定义的产品数字标识；电子标签和阅读器，电子标签通常采用射频识别（RFID）技术存储 EPC，阅读器是一种阅读电子标签内存储的 EPC，并且传递给物流仓储管理信息系统的装置。EPC 网络包括以下 3 个层次。

1）实体和内部层次：该层由 EPC、RFID 标签、RFID 阅读器、EPC 中间件组成。这里的 EPC 中间件实际上屏蔽了各类不同的 RFID 之间的信息传递技术，把物品的信息访问和存储转化成一个开放的平台。

2）商业伙伴之间的数据传输层：这层最重要的部分是 EPC2IS，企业成员利用 EPC2IS 服务器处理被 ALE 过滤之后的信息。这类信息可以用于内部或者外部商业伙伴之间的信息交互。

3）其他应用服务层：这层最重要的部分是 ONS，ONS 用于发现所需的 EPC2IS 的地址。EPC2giobai（全球 EPC 管理机构）委托全球著名的域名服务机构 VeriSign（威瑞信）公司提供 ONS 全球服务，全球至少有 10 个数据中心提供 ONS 服务。

物联网体系结构设计应该遵循以下 5 条原则：

①多样性原则；

②时空性原则；

③互联性原则；

④安全性原则；

⑤坚固性原则。

（2）技术结构：物联网技术涉及诸多领域，依据物联网技术架构可划分 4 个层次，对象感控技术、网络传输技术、服务支持技术以及应用服务技术。

①对象感控技术：对象感控技术是物联网的基础，是应用于物联网底层负责采集物理世界中发生的物理事件和数据，实现对外部世界信息的感知和识别控制的技术。它包括多种发展成熟度差异性很大的技术，如传感器与传感器网络、RFID 标识与读写技术、条形码与二维码技术、机器人智能感知技术、遥测遥感技术等。

②网络传输技术：网络传输技术是通过广泛的互联功能，实现感知信息高可靠性、高安全性传送的技术，是物联网信息传递和服务支持的基础设施。包括互联网技术、无线通信技术以及卫星通信技术等各种网络接入与组网技术。

③服务支持技术：服务支持技术是实现物联网"可运行、可管理、可控制"的信息处理和利用技术，包括云计算与各种智能计算技术、数据库与数据挖掘技术等。

④应用服务技术：应用服务技术是指可以直接支持各种物联网应用系统运行的技术，包括物联网信息共享技术、物联网数据存储技术以及各行各业物联网应用系统。

二、物联网的标准分析

1. 物联网标准化的意义

没有统一的 HTML 式的数据交换标准是物联网发展的一大"瓶颈"，物联网发展的最大"瓶颈"既不是 IP 地址不够问题，也不是一定要攻克下什么关键技术。寻址问题可以通过多种方式解决，包括通过发放统一 UID 等方式解决，IPv6 或 IPv9 固然重要，但传感网的很多底层通信介质可能很难运行 IP Stack。一些传感器和传感器网络关键技术的攻关也很重要，但那是"点"的问题，不是"面"的问题。大面的问题还是数据表达、交换与处理的标准，以及应用支持的中间件架构问题。清华同方从 2004 年起就推出 ezM2M 物联网业务基础中间件产品和 oMIX 数据交换标准（产品中还实现了中国移动的 WMMP 标准），中国电信也推出了 MDMP 标准，但是一个或几个企业的力量是有限的，既然物联网产业已经被提到国家战略的高度，如果以国家层面的高度来推进物联网数据交换标准和中间件标准，一定能够提升整体效果而且要比制定其他通信层和传感器的技术攻关见效快。

数据交换标准主要落地在物联网 DCM 三层体系的应用层和感知层，配合传输层通道，目前国外已提出很多标准，如 EPCglobal 的 ONS/PML 标准体系，还有 Telematics 行业推出的 NGTP 标准协议及其软件体系架构以及 EDDL，M2MXML，BITXML，oBIX 等，传感层的数据格式和模型也有 TransducerML，Sensor ML，IRIG，CBRN，EXDL，TEDS 等，目前的挑战是把这些现有标准融合，实现一个统一的 HTML 式物联网数据交换大集成应用标准，如果国家能够整合资源，这个标准的建立具备一定的可行性。不过由于其涉及面广，整体协调难度大，只有受到监管层和高层领导的高度重视，委托国家级的综合性物联网标准委员会（目前的一些标准组织大多还是更多地关注传输层标准，或行业应用标准，如 RFID 和 WSN 无线通信标准等，统筹能力不够，视野不够宽）具体实施才有可能实现这个目标。

从物联网架构的角度出发，物联网标准化意义有以下 3 点：

①通过标准，可以方便参与其中的各个物品、个人、公司、企业、团体以及机构实现标准技术，使用物联网的应用，享受物联网的建设成果和便利条件；

②通过标准，可以促进未来的物联网解决方案的竞争性和兼容性，增进各种技术解决方案之间的交互通信、操作能力；

③随着全球 / 全局信息生成和信息收集基础设施的逐步建立，国际质量和诚信体系标准将变得至关重要。

当前物联网标准研制有以下两个主要任务：

①筹备物联网标准联合工作组，做好相关标准化组织间的协调；

②做好物联网顶层设计，完善物联网标准体系建设。

2. 国际标准化组织

涉及物联网的相关标准分别由不同的国际标准化组织和各国标准化组织制定国际标准由国际标准化组织和国际电工委员会负责制定；中国国家标准由中国工业和信息化部与国家标准化管理委员会负责制定；相关行业标准则由国际、国家的行业组织制定，例如国际物流编码协会与美国统一代码委员会制定的用于物体识别的 EPC 标准。

第四节 物联网技术的应用领域概述

随着物联网相关技术的发展与成熟，物联网技术已经在很多行业中得到了应用，如智能交通、智能物流、智能安防、智慧医疗以及智能生产等。物联网技术的发展给我们的生活带来了很多便利，尽管目前物联网还处于初级发展阶段，但是未来社会的发展离不开物联网技术。就目前来看，随着平安城市建设、城市智能交通体系建设和"新医改"医疗信息化建设的加快，安防、交通和医疗三大领域有望在物联网发展中率先受益，成为物联网产业市场容量最大、增长最为显著的领域。

一、智能家居

智能家居产品融合自动化控制系统、计算机网络系统和网络通信技术于一体，将各种家庭设备（如音视频设备、照明系统、窗帘控制、空调控制、安防系统、数字影院系统、网络家电等）通过智能家庭网络联网实现自动化。如通过中国电信的宽带、电话和无线网络，人们可以实现对家庭设备的远程操控。与普通家居相比，智能家居不仅提供了舒适宜人且高品位的家庭生活空间，实现了更智能的家庭安防系统，还将家居环境由原来的被动静止结构转变为具有能动智慧的工具，提供了全方位的信息交互功能。

智能家居是一个巨大而广泛的系统产品。它以住宅为载体，结合人工智能技术、物联网、计算机、机械自动化控制等技术手段，将家电设备控制、环境监测管理、信息管理、娱乐影音等家居功能相结合，为用户打造更加便捷、舒适、安全的生活环境。

智能家居可以给用户提供一个便捷、舒适、安全、节能的家居环境。智能家居的发展离不开人工智能技术的支持。智能安防设备可以通过网络建立远程安防监控系统，通过生物特征对想要进入住宅的用户进行身份识别，从而提高住宅的安全等级。它还可以通过与监测器、传感器的联控对住宅中的能源进行监控，根据用户需求做出合理的调整，降低住宅能耗，打造节能环保的住宅。

随着国内经济的发展，我国居民人均可支配收入不断增加，居民的消费能力也在逐年提升。同时，科技水平在不断地提高，尤其是智能手机及网络技术飞速发展，人们对于智能产品的认知在逐步提高，用户对产品的要求不再仅限于价格，对于产品品质、科技功能及产品体验都有了一定的要求，这为智能家居的发展提供了土壤。

现阶段，我国住宅施工面积和住宅竣工面积稳步增长，还有大量的老旧住宅改造项目。越来越多的用户开始选择通过智能家居来提升自己的生活品质。巨大的住房库存量为智能家居提供了成长的空间，也让智能家居的用户体验受到了越来越多人的重视。

二、智能医疗

智能医疗系统借助简易实用的家庭医疗传感设备，对家中病人或老人的生理指标进行自测，并将生成的生理指标数据通过 GPRS 等无线网络传送到护理人或有关医疗单位。该系统还可以根据客户需求提供增值服务，如紧急呼叫救助、专家咨询、终生健康档案管理等服务。智能医疗系统在一定程度上缓解了现代社会中子女因工作忙碌无暇照顾家中老人的困难。

（一）智能医疗的定义

"智能医疗"这一概念是在 2008 年提出的，其方法是充分运用和融合人工智能技术、物联网技术，传感技术等先进技术帮助建立医疗服务信息基站，建立病人健康大数据资料库等，IBM 公司最先将人工智能技术和物联网技术应用于医疗系统。医疗智能穿戴产品在市场上获得了良好的反响，标志着"智能检测＋医疗终端"的商业模式取得了巨大的成功。在这以后，"智能医疗"逐渐在临床手术、公共卫生健康、远程诊疗、大数据平台协作等方面发挥了重要的作用。智能医疗的理想状态是信息化较高且逐步实现患者与医务人员、上级医疗机构与下级医疗机构、医疗设备与被服务者之间的交流互动。智能医疗的出现推动了医疗事业的繁荣发展，使医疗行业开始迈入智能体验的行列。

（二）智能医疗的发展趋势

目前，智能医疗在全球的发展越来越好。从全球医疗行业发展状况来看，人工智能在医疗行业将会在四个方向发展，并逐渐进入消费者的视野，走进我们的生活，人工智能先进的技术将使医疗领域大放异彩。

智能健康管理。医疗服务智能设备除了可以监测人们的基本生理特征，如血压、进食量、血糖指数、睡眠规律等，还扩展有了具体身体健康管理的线上应用，如家庭虚拟护士、食物致病成分识别、心理健康治疗、预约问诊、健康干预方案等健康管理客户终端；一些企业和机构已经着手研究将智能医疗穿戴设备、App 终端与智能手机结合，以更为便捷地将病人信息和病历进行资源整合，从而帮助病患长期管理日常健康并提供相应的私人定制医疗服务方案。

（1）医疗机器人。近年来，先进的科学技术使医疗服务机器人越来越智能化，如帮助病人行走的医疗假肢、手部的骨骼系统，帮助医护人员进行日常工作或整理病历的医疗辅助机器人等。目前国内的医疗服务机器人技术也越来越成熟。如武汉同济医院门诊的"小胖"医生具有进行医疗常识宣传，投影医院地图并提供导航，回答病人问题等功能，它甚至可以根据要求为患者进行娱乐表演。与"小胖"医生一样在医院门诊部工作的科大讯飞"晓医"医生已经在许多医院"上岗"。它具有为病人提供咨询、预约挂号、医院道路指示、医疗报告打印等多种功能，减少护理人员回答重复性询问和引导病人的工作，实现了人流量大时对患者的快速指导和疏散。在上海的浦东医院，远程诊疗机器人可借助远程传输技术请教上级医院医生关于患者病症的看法和诊疗方案。远程诊疗机器人打破了地区的局限性，使诊疗过程更为快捷，避免耽误最佳的诊治时间。未来必定会出现智能化程度更高的护理机器人，为人们的身体健康保驾护航。

（2）药物研发。依据大量的医学教科书、数百万患者病历、大量医生的治疗方案等大数据信息，人工智能系统可以在以上繁杂的信息中找到准确的药理信息并给出相应的药物成分配比建议。且通过计算机的模拟实验模型，人工智能系统还可以进一步对研发药物的配比比例、安全性、成分活性以及可能产生的副作用进行比对和预测，更快研发出治疗当前疾病的药物，促进药物研发技术的发展，降低新药的价格，且大大节省开发新药的时间。

（3）智能诊疗。智能诊疗就是将计算机软件技术运用在病患的病程治疗中，帮助医生分析病人所有的检验报告，进行病理研究，得出相应的最佳诊疗方案。后台电脑通过对大数据的深入分析，自动对病人的临床验测指标和变量等信息进行整合，模仿人类医生进行推理并快速给出诊断结果和治疗方案，对病人展开相应的治疗。

智能医疗本身就是跨界融合的学科，将人工智能、医学、生物学、药理学等按一定比例结合在一起。现在，越来越多的上市公司开始涉足医疗人工智能领域。在之后的五年到十年内，智能医疗会首先表现在物联网技术上，被应用于特殊病房看护、隔离病房看护、手术治疗、身体康复以及家庭医疗看护中。智能医疗产业还将融入人工智能技术等，进一步实现医疗信息可视化，护理工作无纸化，来优化医疗服务流程，提升医疗服务质量和效率。未来各大医院必将会转变医疗服务模式，全面进入数字医疗时代，进一步实现地区间的医疗资源深度融合和共享，真正做到降低医疗成本，在一定程度上降低人们对医疗服务体验感差等问题。

智能医疗还将在以下三个方面得到发展：①治疗前期。这一部分是目前人工智能发展比较成熟的部分。临床治疗前的工作包括医学影像诊断、辅助诊断、虚拟机器人护理等。②治疗过程中。医疗服务机器人、药物研发、穿戴设备等，由于其研发投入大、周期长、失败率高，产业发展的需求量更大。③康复阶段。这一部分使用环境较多且应用范围较广，包括医疗系统信息化、身体健康管理大数据化以及治疗风险判断等，在未来人们必定会研发更多种医疗康复产品，用于慢性病跟踪治疗、骨骼恢复治疗方面的产品。

（三）智能医疗系统的分类

（1）智慧医院系统。医学手术影像的传输和存储系统、医院信息管理系统、实验室数据管理系统、医疗工作站系统都属于智慧医院系统的组成部分。各个系统之间的交流合作实现了病人诊疗信息的收集分析，医院管理信息的存储和提取工作。

（2）区域卫生系统。区域卫生平台具有收集处理患者健康信息、社区与上级医院医生交流的功能，同时负责卫生管理部门记录卫生资料和相关医疗科研部门的系统管理服务等。如现在的社区医疗机构，除了为慢性病患者提供出院后的基本跟踪治疗，在面临重大疾病和急性并发症时可及时联系上级医院进行转诊治疗等。

（3）家庭健康系统。随着"大病去医院，小病在家处理"观念的普及，家庭健康系统作为人们处理小病的基本保障服务，发挥了重要的作用，尤其对于部分慢性病、常年卧床或者残疾、传染病的患者提供了方便舒适且快捷的医疗服务，家庭健康系统可以提醒病人按时服药并进行药物服用说明的讲解，还可以对病人实现实时的生理数据监测。在家庭健康系统的保障下，人们可以得到更全面、更放心的身体疾病管控服务。通过家庭健康系统附带的公共卫生专网系统，还可以实现与医院或者政府相关部门的互联互通，为人们身体健康提供安全保障。

三、智能城市

智能城市产品包括对城市的数字化管理和城市安全的统一监控。前者利用"数字城市"理论，基于3S（GIS，GPS，RS）等关键技术，深入开发和应用空间信息资源，建设服务于城市规划、城市建设和管理，服务于政府、企业、公众，服务于人口、资源环境、经济社会的可持续发展的信息基础设施和信息系统。后者基于宽带互联网的实时远程监控、传输、存储、管理的业务，利用宽带和4G、5G网络，将分散、独立的图像采集点进行联网，实现对城市安全的统一监控、统一存储和统一管理，为城市管理者和建设者提供一种全新、直观、视听觉范围延伸的管理工具。

（一）智能城市的内涵

智能城市是人类对未来生活的一种美好愿景，在智能城市形态下，人们可以享受生活的便利，并能够与环境和谐相处。中国工程院院士王家耀指出，"智能城市"的主要目标是让城市及作为城市主体的人更聪明。那么，什么是智能城市呢？

在智能城市中，大量的智能化传感器设备被植入城市物体中，这些传感器通过互联网互相连接，形成了物联网，从而实现对城市的全面感知；这些感知信息通过云计算技术和其他智能技术进行智能分析和理解，实现物联网与数字城市的相互融合，为城市运营的各个系统的各种需求，提供智能化决策支持。

关于智能城市的概念，国内外学者们从不同的角度给出了相应的界定。

IBM公司认为，"智能城市通过使用各种先进的智能技术，将城市的各个系统整合成一个大的系统，为市民提供更优质的服务。智能城市建设是为了使城市呈现一种良好的发展态势，是一种有意识、主动地改变城市的发展趋势的行为。"国内众多学者也纷纷就智能城市的概念给出了各自的定义，吴胜武指出，"通过新一代信息技术的使用，改变社会各群体的交互方式，提高群体间交互的效率和灵活性，通过城市空间设施和信息基础设施的结合，使政府、居民、企业做出更智能的决策，这就是智能城市。"史璐认为，"智能城市指的是在城市发展过程中，充分利用互联网、物联网等技术，智能地感知、分析并集成城市的资源、环境、基础设施、城市服务、公共安全等各社会组织的运行状况及对政府职能的需求，做出相应的政府行为"。秦洪花等人认为，"智慧城市就是利用新的信息技术，整合城市各个系统的功能，使其彼此协调运作，为社会公众提供更优质的生活，为企业提供更广阔的发展空间。智能城市需要更智能的城市发展规划，更合理的资源配置，更有利的环境保护措施；智能城市应该能够较高地防范灾难的能力和对突发事件的处理能力，以推动城市的可持续性健康发展。"

综合学者们的理解，在对智能城市要素进行深入分析之后，我们可以知道，智能城市是指建立在数字城市基础之上，应用智能化技术，实现对海量数据的有效处理，通过决策的智能化来完成城市管理和运行的安全与高效，特别是通过仿真技术建立与现实的城市平行运行的仿真系统，实现虚拟城市与现实城市的协同进化机制。

（二）智能城市框架

智能城市建设涵盖了整个城市的各个方面，其基本框架大致可分成 3 个层次：信息基础层、应用层和综合决策层。信息基础层主要是信息基础设施建设层；应用层主要包括政府、企业和社会公众这些群体对基础设施的应用；综合决策层就是根据政府、企业和社会公众对信息基础设施的应用，产生了一系列数据和信息，根据这些信息对城市管理的各个方面进行科学决策，综合应用层是一个综合性应用系统。

贝尔信智慧科技运营商将智能城市体系概括为一句话，"以 VIDC 为基础，实现智能感知、互联互通、协调共享和城市运营"（其中 VIDC 指的是城市级互联网数据中心 IDC，是公认的概念，它是贝尔信公司提出的支撑智能城市运营的物理方式），简称"智能城市 4+1 体系"。

（1）智能感知。智能城市通过各类传感器、RFID、无线定位系统等智能化设备和技术对城市人口、资源、环境等各个系统的运行进行智能感知，让管理者对城市各系统的运行状况能从视觉上清晰了解，并能用统一的语言进行统计、交流和存储等。

（2）互联互通。智能城市通过互联网、通信网和广电网的融合，使采集到的城市各层级数据实现互联互通，城市各层级数据能够相互通信和联合，打破"信息孤岛"实现信息横、纵两个方向的贯通

（3）协同共享。政府、企业和社会公众各群体都能够在对等的条件下实现信息和资源的共享。它有两个落脚点：第一，在全面支持政府日常的决策办公，提升办公效率的同时，能在遇到突发事件出现时迅速调动应急指挥系统做出及时有效的响应；第二，方便市民出行、理财等活动，改变市民的生活方式，提升市民生活的幸福感。

（4）城市运营。智能城市随时更新城市各系统运营的基础数据，向公众发布即时信息，支持政府在线办公，对突发事件给出应急响应并做出智能化决策，即城市运营能够有效维护和提高城市的信息化水平，从而为市民提供更优质的服务。

四、智能环保

智能环保是数字环保概念的延伸和拓展，它是借助物联网技术，把感应器和装备嵌入各种环境监控对象（物体）中，通过超级计算机和云计算将环保领域物联网整合起来，可以实现人类社会与环境业务系统的整合，以更加精细和动态的方式实现环境管理和决策的智慧。

智能环保的总体架构包括：感知层、传输层、智慧层和服务层。

（1）感知层。利用任何可以随时随地感知、测量、捕获和传递信息的设备、系统或流程，实现对环境质量、污染源、生态、辐射等环境因素的"更透彻的感知"。

（2）传输层。利用环保专网、运营商网络，结合4G、5G、卫星通信等技术，将个人电子设备、组织和政府信息系统中存储的环境信息进行交换和共享，实现"更全面的互联互通"。

（3）智慧层。以云计算、虚拟化和高性能计算等技术手段，整合和分析海量的跨地域、跨行业的环境信息，实现海量存储、实时处理、深度挖掘和模型分析，实现"更深入的智能化"。

（4）服务层。利用云服务模式，建立面向对象的业务应用系统和信息服务门户，为环境质量、污染防治、生态保护、辐射管理等业务提供"更智能的决策"。

五、智能交通

（一）智能交通的概念

智能交通系统是未来交通系统的发展方向，它是将先进的信息技术、数据通信传输技术、电子传感技术、控制技术及计算机技术等有效地集成运用于整个地面交通管理系统而建立的一种在大范围内全方位发挥作用的，实时、准确、高效的综合交通运输管理系统。ITS可以有效地利用现有交通设施、降低交通负荷和环境污染、保证交通安全，提高运输效率。因而，ITS受到各国的重视。中国物联网校企联盟认为，智能交通的发展跟物联网的发展是分不开的，只有物联网技术概念不断发展，智能交通系统才能越来越完善。智能交通是交通的物联化体现。21世纪将是公路交通智能化的世纪，人们将要采用的智能交通系统，是一种先进的一体化交通综合管理系统在该系统中，车辆靠自身的智能在道路上自由行驶，公路靠自身的智能将交通流量调整至最佳状态，借助于这个系统，管理人员对道路、车辆的行踪将掌握得一清二楚。

（二）智能交通监控系统

传统市政道路上监控布置不均匀，监测设施功能较少，像素较低，技术标准不统一，难以整合，造成交通管理部门对全路段的整体情况和整个城市道路的情况了解不到位，不能进行统一调度。智能交通可以基本覆盖城市每条道路，通过监控实时观察现场交通流量、意外事故等，对现场进行即时反馈和指挥疏导。

1. 交通信号控制

信号灯在不影响行人通行安全性的基础上，一般设置在路口人行道上，离人行道与车行道分界线约 0.5m，尽量选择较阴凉位置，与附近的其他市政设施相协调，可独立按照预设的方案控制机动车、行人信号灯以及可变交通标志等，也可以通过通信设备与中心控制计算机相连接，接受并执行中心预设方案或通过中心计算机利用 UTC/SCOOT 系统实时优化生成的方案。相较于传统信号控制，智能交通信号控制可以将信号实时传输给指挥中心，指挥中心通过各个路口的不同方向交通流量，对信号灯的时间长短进行控制，以减少现场交通执勤人员手动控制信号灯的不便，有效节约人工成本，提高工作效率。

2. 道路交通监控

全路段和全城的实时智能交通监控，对于交通肇事逃逸车辆可以实现即时锁定，避免通过事故现场来鉴别肇事车辆的颜色和型号的传统做法，还可以调取不同路口交通影像追击肇事车辆，节约大量人力、物力和宝贵的时间。同时，如果交通事故中出现伤员，智能交通监控会触发紧急呼叫救护车的功能。除此之外，智能交通在人流集中路段车站等可以实时监控信息，也可以减少交警巡逻的力度，降低人工管理成本。

3. 交通信息采集和诱导

智慧交通系统的核心是信息采集、引导和发布。在智慧城市中，车载导航与信息处理中心是实时联动的，交通监控中的交通流量以严重拥堵、很拥堵、一般拥堵、畅通等状态发布在车载导航上。车载导航可以根据时间最短、路线最畅通的原则重新规划出行路线，引导司机避开拥堵路段。以分散车流，提高道路通行能力。智能终端每天采集的数据汇聚在公安、交通、金融等各部门。同时，相关部门对交通数据的整合，可以更好地预测居民出行的偏好和需求，对交通需求预测、交通网络规划提供了非常有力的支持。

4. 停车引导

随着我国城市化水平越来越高，城市人口也越来越多，中心城市建设用地已急剧减少，但是居民的用地需求却越来越大，出现了许多问题。如随着生活水平的提高，城市居民车辆保有量越来越高，而停车位缺口越来越大。为缓解停车位紧缺的情况，空闲的小区车位和公共车位可以为有需求的车主提供服务，这就需要开发智能化停车引导系统，为车位主人、车主提供相应服务。上班时间，私家车位可以有偿开放，信息汇集至指挥中心，指挥中心将其发布于对应的程序上，有需要停车的车主通过手机导航即可找到距离较近的合适车位。这样，既解决了车主无车位可停的尴尬，又避免了私家车位的闲置，还减少了停车等待时间，达到环保低碳的效果。

总的来说，交通监控系统可以使交通出行变得更为便捷，可实时监控路面情况，遇到交通事故和突发情况时能够快捷反应，增加道路通行能力。另外，收集、积累各种交通基础数据，还可以为城市下一步的规划和管理提供有力的数据支持。

六、智能农业

智能农业系统通过实时采集温室内温度、湿度、光照、土壤温度、CO_2浓度、叶面湿度、露点温度等环境参数，自动开启或关闭指定设备。该系统还可以根据用户需求，随时自动监测农业综合生态信息，对环境进行自动监测，为智能化管理提供科学依据。如智能农业通过模块温度传感器采集温度数据，经由无线信号收发模块传输数据，实现对大棚温湿度的远程控制。智能农业系统还包括智能粮库系统，该系统通过粮库内温湿度变化感知器与计算机或手机连接，进行实时监测，记录现场情况，以保证粮库内的温湿度平衡。

（一）智能农业在农业生产中的作用

智能农业是以优质高效为 IR 标的质量效益型农业。其可以在作物田块内，根据特定区域作业生长潜力，设置不同水平的播种量、喷药量、施肥量。在降低作物中有毒物质残留量的同时，可以有效保护环境，推动农业可持续发展。我国地大物博，各地自然条件较为复杂。由于多种因素影响，我国一部分地区的农业仍然处于人工劳作阶段，整体管理模式存在效率低、浪费资源严重等问题。而利用智能化农业技术可以进一步细化灌溉、施肥技术及施用农药标准，降低生产成本及资源浪费，促进我国农业科技水平及生产效益稳步提升。

（二）智能农业在农业生产中的应用前景

1.农业设备智能化

不断推进的城市化，为人工智能农业的应用提供了良好的机遇。在未来农业生产中，基于人工智能系统的农业设备将得到大范围应用，进一步减轻农业生产者的劳动负荷，减少土地对农村劳动力需求量。远程播种、远程采摘、远程分拣、远程山间管理等机器人远程自动化作业的应用，可以有效提高农业设备生产质量，为农业生产效率稳步提升提供保障。如利用智能播种机器人可以合理设置探测装置，自动获取土壤信息，再经过神经网络算法，获得最优化的播种密度指标并以此为依据，开展自动播种作业；而利用 Scc&Spray 机器人，可以进行电脑图像识别，获取农作物生长状况，再通过机器学习，判定农田中需要清除的杂草范围及施肥、浇灌、除食剂喷洒等作业范围，实现精准作业，降低农田中过度喷洒除草剂造成的农田污染情况。

2.蔬菜果实生产预测及质量分级鉴定

（1）在现有农业生产模式中，农业生产决策主要是通过判定农作物、农产品外观实现的，如农作物病虫害检测、水果品质分级、果实成熟度判断等。而在深度学习对机器应用发展进程中，可以通过机器智能代替人工，实现对蔬菜果实不同生产品质的检测识别。如利用 Plantix 深度学习应用，可以预测不同环境温度、湿度下农作物的表皮应力，达到控制环境变量、降低农作物表皮损失的目的；而 Vine View 云端人工智能算法，可以收集无人机捕获数据，构建神经网络模型，利用水果汁或蔬菜汁的近红谱折射系数，与人们对水果或蔬菜味觉质量的相关系数对比，确定水果或蔬菜味觉质量，随后利用神经网络的 BP 算法，结合经济学中线性计量经济学信息，确定水果或蔬菜果实生产参数。

（2）将计算机图像所采集的果实顶部外形特征输入神经特征，可以鉴别破损、变形、弯曲或其他发育不良的果实。同时利用果实色彩强度、酸碱度、亮度等输入参数，可以将果实成熟度划分为过熟、全熟、半熟、未熟等几个程度，确定最佳收获时期。在这个基础上，人们通过计算机获取果实表面曲率特征及亮度、表面积等外部形态特征，可以区分果实表面伤痕、正常凹凸情况，为果实质量鉴定分级提供依据。

3.农作物种植全过程优化改进

智能农业所具备的大数据集优化功能，可以优化单个或者一系列关键目标，解决农业生产过程中出现的疾病预防、成本效益等问题。人们利用人工智能及机器学习等智能农业，对农业生产过程各环节（育种、生产、经营、消费）进行分析，可提出更为精准的生产及市场营销决策，并挖掘数据之间关联特征，判定事物发展趋势，实现农业智慧化生产。如利用世界新型农业操作系统（AOS），可以根据市场需求，确定农产品数量。同时，以数据为基础，引入土质分析、天气模拟、农作物根部特征等数据，构建农作物自然灾害保险应急生产决策模型，降低农业生产风险。除此之外，利用数据挖掘、深度学习等人工智能技术，还可以实时获得应用于农事的不同类型操作过程反馈信息，进而优化农业生产管理流程，实现农业生产利益最大化。

此外，Pepsi Co 公司及 Precision Planting 企业最新研制的农作物管理系统、土壤相关数据分析软件，可以根据不同区域位置、不同土壤情况变化，调整农业生产模式，实现分区均匀播种及差异化施肥、灌溉，最大限度优化各区域农作物种植参数，达到农作物增收的目的。

智能农业不仅可以降低农业生产成本及资源浪费率，还可以降低作物毒害物质残留量，推动农业可持续发展。农业生产者应主动改变农业生产理念，引进智能农业技术，逐步由常规机械操作过渡至半自动化、自动化作业，从人工采集信息过渡到智能化信息收集模式，为我国农业发展带来新的机遇。

七、智能物流

智能物流打造了集信息展现、电子商务、物流配载、仓储管理、金融质押、园区安保、海关保税等功能于一体的物流园区综合信息服务平台。信息服务平台以功能集成、效能综合为主要开发理念，以电子商务、网上交易为主要交易形式，建设高标准、高品位的综合信息服务平台，其为金融质押、园区安保、海关保税等功能预留了接口，可以为园区客户及管理人员提供"一站式"综合信息服务。

"智能物流"一词中，物流是本体，智能是本质属性。智能是手段而非目的，所以智能不是结果，而是过程。另外，作为本体的物流包括物流工程等技术内容，也包括物流管理等管理内容，不能将智能物流简单地看作技术引进，在提高技术硬实力的同时，尤其要注重管理等软实力的提高。在智能物流中，技术与管理的相互作用，即技术与管理结合、技术与管理融合、技术与管理综合集成。在管理方面尤其要注意商业模式、组织结构等的调整与创新，没有这些关键支持，技术很难落到实处。智能物流的实现手段，包括服务主体组织化、服务手段科技化、利益分配市场化、要素配置高效化等。智能物流有三个基本发展模式：处于供应链核心地位的企业将整条供应链一体化，发展企业物流系统；优化物流资源配置，构建城市物流渠道，发展社会物流系统；物流企业依靠核心物流能力，开拓增值物流业务或服务范围，发展综合物流系统。

八、智能校园

智能校园通过信息化手段，实现对各种资源的有效集成、整合和优化，实现资源的有效配置和充分利用，实现教育和校务管理过程的优化、协调，实现数字化教学、数字化学习、数字化科研和数字化管理。一般而言，目前的智能校园系统基于物联网技术主要由弱电和教学两大子系统组成，能够提高各项工作效率、效果和效益，实现教育的信息化和现代化，满足现代教育的需要。

（一）智能校园的概念

智能校园，是在校园互联网发展和应用日益普及的基础上被提出的，并朝向更加信息化、数字化、智能化的方向发展。智能校园对人们提出了和智慧地球相同的"任何人、任何时间、任何地点"的沟通需求。当前的传统校园互联网基于光纤通信的内部专用校园应用平台和外部公共互联网，主要用于校园网站、校园各种应用系统和师生访问公共互联网。随着物联网的日益发展，传统校园网的功能已经远远满足不了人们对信息化的需求。智能校园可以整合利用射频识别技术、庞大的校园互联网信息资源以及目前先进的传输网络和智能终端，组建新型智能综合服务信息网络，满足师生日常门禁、考勤、图书借阅、会议签到、电子钱包、校园外围商家联盟的消费等，实现真正的无纸化、系统化和智能化。

（二）智能校园的应用特性

智能校园，除了拥有传统校园局域网具备的信息化应用功能，还有很多延伸的服务和应用。在校教师、工作人员和学生既可以通过手机 RFID 技术实现手机最基本的通话功能和信息服务，也可以通过刷手机的方式实现校园内部生活平台消费、超市及商家联盟消费、门禁考勤和身份识别、教务信息资源管理等综合后勤服务，同时可以在校园外部约定的商家联盟和联合平台（如地铁、公交等）实现消费功能。

智能校园 RFID 系统具有以下特征：

（1）具有物联网的特性。通过手机 RFID 技术方式实现师生门禁、考勤、会议签到、图书借阅等身份认证类的应用。而 RFID 技术是物联网最典型的应用技术。

（2）具有电子银行和手机支付的特性。通过手机 RFID 技术实现电子消费功能，提供校园内外部商户消费服务。师生可以在学校食堂、医院、超市、电影院、网吧、公交和地铁等区域的刷卡终端完成消费和扣款服务。

（3）具有自助服务特性。在校教师、工作人员和学生可以通过相关的自助服务功能实现综合信息查询业务、自助储存业务和银行自动转账服务等。

（4）具有数据库管理特性。智能校园在校师生的账户、卡片、商户等信息的管理、查询、统计等综合信息管理和对银行、学校、应用人之间的资金结算和账目管理等均通过卡务管理系统来实现。卡务管理系统则通过面向对象的数据库编程技术来实现。

（5）具有移动通信特性。手机 RFID 技术可以提供优质的通话和信息服务。

目前，物联网的发展还处于初级阶段，实现其全面的智能化将会是一个长期发展的过程。

第五节　物联网产业链现状与未来前景展望

一、物联网产业链现状

1.物联网产业链分析

物联网的产业链非常完整，从元器件到设备软件产品、信息服务解决方案提供、平台运营与维护联网 3 个功能层都包含了硬件产品、硬件设备到软件产品系统方案，还有公共管理系统、行业应用系统以及第三方物联网平台的运营与维护服务，基于对物联网三层框架的认识，构建了物联网产业链，可见，完整的物联网产业链主要包括核心感知和控制器件提供商、感知层末端设备提供商、网络提供商、软件与行业解决方案提供商、系统集成商、运营及服务提供商六大环节。

（1）核心感知和控制器件提供商

感应器件是物联网标识、识别以及采集信息的基础和核心，感应器件主要包括RFID 传感器（生物、物理和化学等）、智能仪器仪表 GPS 等；主要控制器件包括微操作系统执行器等，它们用于完成"感""知"后的"控"类指令的执行。在这一环节上，国内物联网技术水平相比国外发达国家还有很大差距，特别是在高端产品市场。不过，目前国内也有一些企业在进行相关芯片的研发和生产，但还没形成规模。

（2）感知层末端设备提供商

感知层的末端设备具有一定独立功能，典型设备如传感节点设备、传感器网关等完成底层组网（自组网）功能的末端网络产品设备，以及射频识别设备、传感系统及设备、智能控制系统及设备等，这一环节也是目前物联网产业最大的受益者。在物联网导入期，首先受益的是 RFID 和传感器厂商，这是因为 RFID 和传感器需求量最为广泛，且厂商最了解目前客户需求。RFID 和传感器是整个网络的触角，所以潜在需求量最大。

（3）网络提供商

对于物联网数据传输提供支持和服务，包括互联网、电信网、广电网、电力通信网专网以及其他网络等。

（4）软件与行业解决方案提供商

软件产品开发商和行业解决方案提供商主要提供以下产品和服务。

1）感知层的主要软件产品：包括微操作系统嵌入式操作、系统实时数据库运行、集成环境信息安全软件组网通信、软件等产品。

2）处理层的软件产品：包括网络操作系统、数据库、中间件、信息安全软件等软件开发，其中中间件是物联网应用中的关键软件，它是连接相关硬件设备和业务应用的桥梁，主要是对传感层采集来的数据进行初步加工，使得众多采集设备得来的数据能够统一，便于信息表达与处理语法，具有互操作性，实现共享，便于后续处理应用。

3）行业解决方案：行业解决方案提供商提供了应用和服务，对于各行业或各领域的系统解决方案，目前物联网的应用遍及智能电网、智能交通、智能物流、智能家居、环境保护、医疗、金融服务业、公共安全、国防军事等领域，根据不同行业的应用特点，需要提出个性化的解决方案。

中间件与应用软件可谓是物联网产业链条中的关键因素，是其核心和灵魂。物联网软件可包含：M2M 中间件和（嵌入式）Edgeware（也可以统称为软件网关）、实时数据库、运行环境和集成框架、通用的基础构件库，以及行业化的应用套件等。从中间件平台来看，目前已经有少数国内 IT 企业在进行相关的开发和研究。

不过，由于进行中间平台的研发，不仅需要大量的资金，同时需要有很强的上下游资源整合能力，否则很难完成，因此，对于大多数 IT 渠道而言，并不是一个很好的选择。

在 PC 上面开发中间件，不用考虑平台如何，因此 PC 的软硬件标准都是统一的。但物联网不同，即便是同一行业内的不同应用，所涉及的传感器都有很大差别，因此，企业在进行中间件平台的研发时，必须有很强的下游资源整合能力，使其能够适应各种终端设备。

应用软件可以说是物联网产业链上市场空间最大的一块，而且这一环节和 IT 渠道的关系也最为紧密。因此，对于大多数渠道商而言，尤其是一些具有行业基础的 IT 渠道，选择这一环节切入无疑是最合适的。

（5）系统集成商

根据客户需求，将实现物联网的硬件、软件和网络集成为一个完整解决方案，提供给客户的厂商，部分系统集成商也提供软件产品和行业解决方案。这也是整个产业链中市场空间比较大的一块，因为物联网所包含的范围非常广，而且标准也五花八门，因此，在用户端进行项目的实施时，肯定需要集成商进行产品和应用方案的整合。不过，与传统 IT 集成商不同的是，物联网系统集成商除了要对硬件产品和技术比较熟悉，对于行业的具体应用也要有很深的了解，甚至不只是一两个行业，必须有很好的跨行业应用整合能力，否则很难成为合格的物联网解决方案集成商。在物联网发展中，系统集成商将会开始受益，而且也最具有发展前景。

（6）运营及服务提供商

运营及服务提供商是指行业的、领域的物联网应用系统的专业运营服务商，为客户提供统一的终端设备鉴权、计费等服务，实现终端接入控制、终端管理、行业应用管理、业务运营管理、平台管理等服务。无论是政府公共服务领域还是单纯的商业领域，第三方服务都是物联网平台运行的重要方向。

可以想象，未来物联网将会产生海量信息的处理和管理需求、个性化数据分析的要求，这些需求必将催生物联网运营商的需求量，因此，对物联网运营商而言，面临的将是一个从无到有的市场，上升空间非常大。

这一环节也是整个物联网产业链中最具持续性的环节。运营商从无到有的过程可能会比较长，但未来的收益空间也最大，受益期会和整个物联网的生命周期一样长。目前中关村物联网产业联盟中，已经有企业在进行相关的尝试，而且动作比较大。不过，从短期来看，运营及服务提供商的增长空间不大，大概五年之后，可能会有新型的物联网增值运营商出现。

2. 物联网核心产业链的组成

"感""知""控"技术构成了物联网的功能核心，感知层和处理层直接相关的产业构成了核心产业链，涉及硬件软件和服务等各种产业。

物联网应用中，没有感知和控制的需求，就没有数据传输和数据处理的需求，单纯从物联网实现的功能角度分析，感知层的关联产业和企业处于物联网产业链的关键地位，感知层涉及的企业包括核心感知器件提供商、感知层末端设备提供商和软件开发商，它们是物联网产业的基础产业链，拥有自主知识产权的感应器件的研发、设计和制造是我国物联网产业发展的核心环节，与此相关的射频芯片、传感器芯片和系统芯片等核心芯片设计和生产商，以及感应器件制造商是扶持发展的重点之一。

物联网底层实现了"感"，要实现对物品的"知"，然后实现对物品的"控"，处理层的智能处理发挥着必不可少的作用。处理层的软件开发商、系统集成商、运营服务商在物联网产业链中具有重要地位，在一个应用系统建成以后，持续的应用和经济价值来源于处理层的服务，未来商业模式的创新也要基于处理层的平台服务模式构建在一个实际的物联网应用完成建设后，其经济价值、社会价值都是通过运行服务商实现的，这是实现物联网核心价值的关键环节。因此，在物联网发展处于应用推广试点示范的前期，产品生产商、技术开发商和解决方案提供商处于主导地位，它们占据了技术应用市场，而当物联网市场真正成熟进入市场成熟期后，新兴的信息技术服务企业——物联网平台运营服务商，在物联网产业链中真正发挥着主导地位，它们会成为物联网产业的主角，占据的是物联网服务市场，能够真正产生网络产业、平台产业特有的零成本，将促进用户锁定、高规模效益的经济效能。

物联网传输层属于独立运行服务的成熟，通信网络技术成熟、应用成熟、商业模式也比较成熟，属于物联网的网络支持服务系统，不应该属于物联网核心产业链的内容，当然，通信网络运营商如果基于自己的传输网络优势，向上、下的感知层处理层的服务延伸，提供应用系统的运营服务，此时已经不是传统意义的网络传输提供商了，它提供的是物联网的行业专网运营维护服务，属于运营维护服务商。

（1）物联网的服务类型

根据物联网自身的特征，物联网应该提供以下几类服务：

①联网类服务物品标识、通信和定位；

②信息类服务信息采集、存储和查询；

③操作类服务远程配置、监测、远程操作和控制；

④安全类服务用户管理、访问控制、事件报警、入侵监测攻击防御；

⑤管理类服务故障诊断、性能优化、系统升级、计费管理服务。

以上列举的是通用物联网的服务类型集合，根据不同领域的物联网应用需求，以上服务类型可以进行相应的扩展或裁减。物联网的服务类型是设计和验证物联网体系结构和物联网系统的主要依据。

（2）物联网在实际中的应用

物联网在智能交通、智能工业、智能环保、智能家居、智能医疗及智能物流等方面有较多的应用。

1）交通。智能交通包括公交视频监控、智能公交站台、电子票务、车管专家和公交手机一卡通、红绿灯自动控制和交通违章监管等业务；其中车联网是智能交通中的重点发展方向。车联网的定义就是由车辆位置、速度和路线等信息构成的巨大交互网络。通过 GPS，RFID、传感器、摄像头图像处理等，车辆可以完成自身环境和状态信息的采集，通过互联网技术，所有的车辆可以将自身的各种信息传输汇聚到中央处理器，通过计算机技术，这些大量车辆的信息可以被分析和处理，从而规划出不同车辆的最佳路线、及时汇报路况和安排信号灯周期。

车联网系统是指利用先进传感技术、网络技术、计算技术、控制技术、智能技术，对道路和交通进行全面感知，实现多个系统间大范围、大容量数据的交互，对每一辆汽车进行交通全程控制，对每一条道路进行交通全时空控制，以提高交通效率和交通安全为主的网络与应用。

试想，在交通拥堵的繁华都市，多少上班族每天花费大量的时间用在上班途中，再加上每天的道路拥堵造成的时间上的浪费，如果能够改善这一状况，将能够有效减少通勤时间。

2）工业。智能工业是将具有环境感知能力的各类终端，基于广泛技术的计算模式、移动通信等不断融入工业生产的各个环节，大幅提高制造效率，改善产品质量，降低产品成本和资源消耗，将传统工业提升到智能化的新阶段。智能工业应用示范工程为：生产过程控制、生产环境监测、制造供应链跟踪、产品全生命周期监测，促进安全生产和节能减排。

在制造业方面，物联网应用于企业原材料采购、库存、销售等领域，通过完善和优化供应链管理体系，提高了供应链效率，降低了成本。空中客车通过在供应链体系中应用传感网络技术，构建了全球制造业中规模最大、效率最高的供应链体系。

在生产过程方面，物联网技术的应用提高了生产线过程监测、实时参数采集、生产设备监控、材料消耗监测的能力和水平。生产过程的智能监控、智能控制、智能诊断、智能决策、智能维护等水平不断提高。钢铁企业应用各种传感器和通信网络，在生产过程中实现对加工产品的宽度、厚度、温度的实时监控，从而提高了产品质量，优化了生产流程。

产品设备监控管理各种传感技术与制造技术融合，实现了对产品设备操作使用记录、设备故障诊断的远程监控，GE Oil & Gas 集团在全球建立了 13 个面向不同产品的 i-Center，通过传感器和网络对设备进行在线监测和实时监控，并提供设备维护和故障诊断的解决方案。

工业安全生产管理把感应器嵌入和装备到矿山设备、油气管道、矿工设备中，可以感知危险环境中工作人员、设备机器、周边环境等方面的安全状态信息，将现有分散、独立、单一的网络监管平台提升为系统、开放、多元的综合网络监管平台，实现实时感知、准确辨识、快速响应、有效控制。

3）环保。实施对水质的实时自动监控，预防重大或流域性水质污染；对空气质量做出自动监测。

环保监测与环保设备的融合在物联网方面实现了对工业生产过程中产生的各种污染源及污染治理各环节关键指标的实时监控，在重点排污企业排污口安装无线传感设备，不仅可以实时监测企业排污数据，而且可以远程关闭排污口，防止突发性环境污染事故的发生。电信运营商已开始推广基于物联网的污染治理实时监测解决方案。

4）家居。智能家居是以住宅为平台，利用综合布线技术、网络通信技术、安全防范技术、自动控制技术、音视频技术，将家居生活有关的设施集成，构建高效的住宅设施与家庭日常事务的管理系统，提升家居安全性、便利性、舒适性、艺术性等，并实现环保节能的居住环境。

家庭自动化是智能家居的一个重要系统，在智能家居刚出现时，家庭自动化甚至就等同于智能家居，今天它仍是智能家居的核心之一，但随着网络技术在智能家居方面的普遍应用，网络家电/信息家电的成熟，家庭自动化的许多产品功能将融入这些新产品中去，从而使单纯的家庭自动化产品在系统设计中越来越少，其核心地位也将被家庭网络/家庭信息系统所代替。它将作为家庭网络中的控制网络部分在智能家居中发挥作用。

家庭自动化是指利用微处理电子技术，来集成或控制家中的电子电器产品或系统，例如，照明灯、咖啡炉、电脑设备、保安系统、暖气及冷气系统、视频及音响系统等。家庭自动化系统主要是以一个中央微处理机，接收来自相关电子电器产品（外界环境因素的变化，如太阳初升或西落等所造成的光线变化等）的信息后，再以既定的程序发送适当的信息给其他电子电器产品。中央微处理机必须通过许多界面来控制家中的电器产品，这些界面可以是键盘，也可以是触摸式荧幕、按钮、电脑、电话机、遥控器等；消费者可发送信号至中央微处理机，或接收来自中央微处理机的信号。

网络家电也是智能家居的一个应用方面，它是指将普通家用电器利用数字技术、网络技术及智能控制技术设计改进的新型家电产品。网络家电可以实现互联组成一个家庭内部网络，同时这个家庭网络又可以与外部互联网相连接。

智能安防可以说是智能家居应用的一大亮点。随着人们居住环境的升级，人们越来越重视自己的个人安全和财产安全，对人、家庭以及住宅小区的安全方面提出了更高的要求；同时，经济的飞速发展随着城市流动人口的急剧增加，给城市的社会治安增加了新的难题。要保障小区的安全，防止偷盗事件的发生，就必须有自己的安全防范系统，人防的安保方式难以适应人们的要求，智能安防已成为当前的发展趋势。

视频监控系统已经广泛地应用于银行、商场、车站和交通路口等公共场所，但实际的监控任务仍需要较多的人工完成，而且现有的视频监控系统通常只是录制视频图像，提供的信息是没有经过解释的视频图像，只能用作事后取证，没有充分发挥监控的实时性和主动性。为了能实时分析、跟踪、判别监控对象，并在异常事件发生时提示、上报，为政府部门、安全领域及时决策、正确行动提供支持，视频监控的智能化就显得尤为重要。

智能安防系统可以实现对陌生人入侵、煤气泄漏、火灾等情况及时发现并通知主人，甚至可以通过遥控器或者门口控制器进行安防或者撤防。这样，视频监控系统可以依靠安装在室外的摄像机有效地阻止小偷进一步行动、消除安全隐患，并且也可以在事后取证给警方提供有利证据。

5）医疗行业。智慧医疗的发展分为七个层次：一是业务管理系统，包括医院收费和药品管理系统；二是电子病历系统，包括病人信息、影像信息；三是临床应用系统，包括计算机医生医嘱录入系统等；四是慢性疾病管理系统；五是区域医疗信息交换系统；六是临床支持决策系统；七是公共健康卫生系统。

总体来说，中国的医疗处在第一、第二阶段向第三阶段发展的过程中，还没有建立真正意义上的CPOE，主要是缺乏有效数据，数据标准不统一，加上供应商缺乏临床背景，在从标准转向实际应用方面也缺乏标准指引。我国要想从第二阶段进入到更高阶段，涉及许多行业标准和数据交换标准的形成，这也是未来需要改善的方面。

在远程智慧医疗方面，国内发展比较快，比较先进的医院在移动信息化应用方面，其实已经走到了许多国家的前面。比如，可实现病历信息、病人信息、病情信息等的实时记录、传输与处理利用，使得在医院内部和医院之间通过联网，实时地、有效地共享相关信息。这一点对于实现远程医疗、专家会诊、医院转诊等可以起到很好的支持作用，主要源于政策层面的推进和技术层面的支持。但目前欠缺的是长期运作模式，缺乏规模化、集群化的产业发展，此外还面临成本高昂、安全性及隐私问题等，这也是促进未来智慧医疗发展的因素。

鉴于目前智慧医疗的应用现状，物联网技术的发展和成熟，使得物联网技术在医疗卫生领域的应用拥有巨大潜力，能够帮助医院实现对医疗对象（如病人、医生、护士、设备、物资、药品等）的智能化感知和处置，支持医院内部医疗信息、设备信息、药品信息、人员信息、管理信息的数字化采集、处理、存储、传输、决策等，实现医疗对象管理可视化、医疗信息数字化、医疗流程闭环化、医疗决策科学化、服务沟通人性化，能够满足医疗健康信息、医疗设备与用品、公共卫生安全的智能化管理与监控等方面的需求，从而解决医疗平台支撑薄弱、医疗服务水平整体较低、医疗安全隐患等问题。医疗服务应用模式主要有身份确认、人员定位及监控、就诊卡双向数据通信、移动医疗监护、生命体征采集。医药管理应用模式主要有药品供应链管理、药品防伪、服药状况监控、生物制剂管理，医疗器械管理应用模式主要有手术器械管理，消毒包的管理，医疗垃圾处理，高价、放射性、锐利器械的追溯。

6）物流业。目前物流信息系统能够实现对物流过程智能控制与管理的还不多，物联网及物流信息化还仅仅停留在对物品自动识别、自动感知、自动定位、过程追溯、在线追踪、在线调度等一般的应用。专家系统、数据挖掘、网络融合与信息共享优化、智能调度与线路自动化调整管理等智能管理技术应用还有很大差距。

目前只是在企业物流系统中，部分物流系统可以做到与企业生产管理系统无缝结合，智能运转；部分全智能化和自动化的物流中心的物流信息系统，可以做到全自动化与智能化物流作业。下面介绍几种主要物联网技术在物流业应用前景。

①RFID：联网的发展给RFID在物流业应用带来良好的发展机遇。随着物联网技术的发展，在物流领域，RFID的应用将会由点到面，逐步拓展到更广的领域。

②GPS：随着物联网技术的发展，基于CPS/GIS的移动物联网技术在物流业将获得巨大发展，以实现对物流运输过程的车辆与货物进行联网和监控，对移动的货运车辆进行定位与追踪等。预计未来几年中国物流领域对GPS系统市场需求将以每年30%以上的速度递增。

③WSN：WSN在物流中的应用还有待时日。要使WSN在物流中得到广泛应用需要解决许多关键技术问题，最先应用无线传感器网络的几个典型物流领域，可能是储存环境监测、在运物资的实时跟踪监测、危险品物流管理和冷链物流管理等，以及GPS等相关技术在物流可视化管理与智能定位追踪方面的应用。

④智能机器人：在中国现代物流系统中，智能机器人主要有两种类型，一种是从事堆码垛物流作业的码垛机器人；另一种是从事自动化搬运的无人搬运小车AGV。

码垛机器人技术在不断发展，未来可成为物流领域物联网作业的一个执行者，进行高效的堆码跺及分拣作业。随着传感技术和信息技术的发展，AGV也在向智能搬运车方向发展。随着物联网技术的应用，无人搬运车将成为物流领域物联网的一个重要的智慧终端。

目前，物联网在物流行业的应用，在物品可追溯领域的技术与政策等条件都已经成熟，应加快全面推进；在可视化与智能化物流管理领域应该开展试点，力争取得重点突破、提供有示范意义的案例；在智能物流中心建设方面需要物联网理念进一步提升，加强网络建设和物流与生产的联动；在智能配货的信息化平台建设方面应该统一规划，全力推进。

除上述应用领域以外，物联网还可以在智能物流方面，打造集信息展现、电子商务、物流配载、仓储管理、金融质押、园区安保、海关保税等功能于一体的物流园区综合信息服务平台；在 M2M 应用；在智能城市方面，用于城市的数字化管理和安全监控；在精准农业方面，通过实时采集温度、湿度、光照、CO_2 浓度，以及土壤温度、叶面湿度等参数，实现对指定设备自动开关的远程控制等。

总之，物联网的应用领域可以说是无处不在，只要用心创造，付诸实施，物联网可以在世界的每一个角落生根发芽，发展壮大。

二、物联网未来前景展望

物联网使物品和服务功能都发生了质的飞跃，这些新的功能将给使用者带来进一步的效率、便利和安全，由此形成基于这些功能的新兴产业。物联网通过智能感知、识别技术与普通计算、泛在网络的融合应用，被称为继计算机、互联网之后世界信息产业发展的第三次浪潮，物联网被视为互联网的应用拓展，应用创新是物联网发展的核心，以用户体验为核心的创新 2.0 是物联网发展的灵魂，物联网需要信息高速公路的建立，移动互联网的高速发展以及固话宽带的普及是物联网海量信息传输交互的基础。依靠网络技术，物联网将生产要素和供应链进行深度重组、成为信息化带动工业化的现实载体。

有业内专家认为，物联网一方面可以提高经济效益，大大节约成本；另一方面可以为全球经济的复苏提供技术动力。目前，加拿大、英国、德国、芬兰、意大利、日本、韩国等都在投入巨资深入研究探索物联网，同时，有专家认为，物联网架构建立需要明确产业链的利益关系，建立新的商业模式，而在新的产业链推动矩阵中，核心则是明确电信运营商的龙头地位。

物联网的发展，也是以移动技术为代表的普适计算和泛在网络发展的结果，带动的不仅仅是技术进步，还能通过应用创新进一步带动经济社会形态、创新形态的变革，塑造了知识社会的流体特性，推动面向知识社会的下一代创新（创新 2.0）形态的形成。移动及无线技术、物联网的发展，使得创新更加关注用户体验，用户体验成为下一代创新的核心。开放创新、共同创新、大众创新、用户创新成为知识社会环境下的创新新特征，技术更加展现其以人为本的一面，以人为本的创新随着物联网技术的发展成为现实。作为物联网的积极推动者的欧盟则梦想建立"未来物联网"。

物联网将成为全球信息通信行业的万亿级别新兴产业。我国作为全球互联网大国，未来将围绕物联网产业链，在政策市场、技术标准、商业应用等方面重点突破，打造全球产业高地。物联网是继计算机、互联网和移动通信之后的又一次信息产业的革命性发展。目前物联网被正式列为国家重点发展的战略性新兴产业之一。物联网产业具有产业链长、涉及多个产业群的特点，其应用范围几乎覆盖了各行各业。

物联网连接物品，达到远程控制的目的，或实现人和物或物和物之间的信息交换，当前物联网行业的应用需求和领域非常广泛，潜在市场规模巨大。物联网产业在发展的同时将带动传感器、微电子、视频识别系统一系列产业的同步发展，带来巨大的产业集群生产效益，物联网是当前最具发展潜力的产业之一，将有力带动传统产业转型升级，引领战略性新兴产业的发展，实现经济结构和战略性调整，引发社会生产和经济发展方式的深度变革，具有巨大的战略增长潜能，是后危机时代经济发展和科技创新的战略制高点，已经成为各个国家构建社会新模式和重塑国家长期竞争力的引导力。

第二章 物联网感知与识别技术

第一节 自动识别技术的认知

自动识别技术是实现物品信息实时共享的重要组成部分，是物联网的基石。

一、自动识别技术的概念

自动识别技术将计算机、光、电、通信和网络技术融为一体，与互联网、移动通信等技术相结合，实现了全球范围内物品跟踪与信息共享，从而给物体赋予智能，实现人与物体以及物体与物体之间的沟通和对话。

（一）什么是自动识别技术

自动识别技术就是应用一定的识别装置，通过被识别物品和识别装置之间的接近活动，自动获取被识别物品的相关信息，并提供给后台的计算机处理系统来完成相关后续处理的一种技术。

近几十年来，自动识别技术在全球范围内得到了迅猛发展，初步形成了一个包括条码技术、磁条磁卡技术、IC卡技术、光学字符识别、射频技术、声音识别及视觉识别等集计算机、光、磁、物理、机电、通信技术为一体的高新技术学科。

（二）自动识别技术的作用

在现实生活中，各种各样的活动或者事件都会产生数据，这些数据包括人的、物质的、财务的，也包括采购的、生产的和销售的，这些数据的采集与分析对人们做出生产和生活决策是十分重要的。

过去，大部分数据的处理都是通过人们手工录入，不仅数据量十分庞大，劳动强度大，而且数据错误率较高，也失去了实时的意义。为了解决这些问题，人们研发了各种各样的自动识别技术，将人们从繁重的重复手工劳动中解放出来，提高了数据信息的实时性和准确性。

物联网中自动识别技术占据了重要地位。自动识别技术融合了物理世界和信息世界，是物联网区别于其他网络（如电信网、互联网）最独特的部分。自动识别技术可以对每个物品进行标识和识别，并可以将数据实时更新，是构造全球物品信息实时共享的重要组成部分，是物联网的基石。

自动识别技术是以计算机技术和通信技术的发展为基础的综合性科学技术，它是信息数据自动识别、自动输入计算机的重要方法和手段。综上所述，自动识别技术是一种高度自动化的信息或者数据采集技术。

（三）自动识别系统的构成

完整的自动识别计算机管理系统包括自动识别系统，应用程序接口或者中间件和应用系统软件。

自动识别系统完成数据的采集和存储工作，应用系统软件对自动识别系统所采集的数据进行处理，而应用程序接口软件则提供自动识别系统和应用系统软件之间的通信接口，将自动识别系统采集的数据信息转换成应用软件系统可以识别和利用的信息（转换数据格式）并进行数据传递。

二、自动识别技术分类

中国物联网校企联盟认为，自动识别技术可以分为光符号识别技术、语音识别技术、生物计量识别技术、IC 卡技术、条形码技术、射频识别技术（RFID）。

按照应用领域和具体特征的分类标准，自动识别技术可以分为以下 7 种。

（一）条码识别技术

一维条码是由平行排列的宽窄不同的线条和间隔组成的二进制编码。这些线条和间隔根据预定的模式进行排列，表达相应记号系统的数据项。宽窄不同的线条和间隔的排列次序可以解释成数字或者字母，专业仪器通过光学扫描对一维条码进行识别，即根据黑色线条和白色间隔对激光的不同反射来识别。

二维条码技术是在一维条码无法满足实际应用需求的前提下产生的。由于受信息容量的限制，一维条码通常是对物品的标识，而不是对物品的描述。二维条码能够从横向和纵向两个方向同时表达信息，因此能在很小的面积内表达更多的信息。

（二）生物识别技术

生物识别技术指通过获取和分析人体的身体和行为特征来实现人的身份的自动鉴别技术。人体的生物特征分为物理特征和行为特征两类。

1. 物理特征

物理特征包括指纹、掌形、眼睛（视网膜和虹膜）、人体气味、脸形、皮肤毛孔、手腕、手的血管纹理和 DNA 等。

（1）声音识别技术

声音识别是一种小接触式的识别技术，用户更乐于接受。这种技术可以用声音指令实现"不用手"的数据采集，其最大特点就是不用手和眼睛，这对那些采集数据的同时要完成手脚动作的工作场合尤为适用。目前，由于声音识别技术的迅速发展以及高效可靠的应用软件的开发，声音识别系统在很多方面得到了应用。

（2）人脸识别技术

人脸识别指利用分析比较人脸视觉特征信息进行身份鉴别的计算机技术。人脸识别是目前十分热门的计算机技术研究领域，通过生物体（一般特指人）本身的生物特征来区分生物体个体。

（3）指纹识别技术

指纹是指人的手指末端正面皮肤上凹凸不平产生的纹线。人的手指纹线有规律地排列形成不同的纹型。指纹识别即指通过比较不同指纹的细节特征进行自动识别。每个人的指纹各不同，就是同一人的十指的指纹也有明显区别，因此指纹可用于身份的自动识别。

2.行为特征

行为特征包括签名、语音、行走的步态、敲打键盘的力度等。

（三）图像识别技术

在人类认知的过程中，图像识别指图形刺激作用于感觉器官，人们进而辨认出该图像内容的过程，也叫作图像再认。在信息化领域，图像识别是指进行处理、分析和理解，以识别各种不同模式的目标和对象的技术。

图像识别技术的关键信息，既要有当时进入感官（输入计算机系统）的信息，也要有系统中存储的信息。只有通过存储的信息与当前的信息进行比较的加工过程，才能实现对图像的再认。

（四）磁卡识别技术

磁卡是一种磁记录介质卡片，由高强度、高耐温的塑料或纸质涂覆塑料制成，能防潮、耐磨，且有一定的柔韧性，携带方便、使用较为稳定可靠。

磁条记录信息的原理是变化磁的极性，在磁性氧化的地方具有相反的极性，识别器能够在磁条内感受到这种磁性变化，这个过程被称作磁变。一部解码器可以识读磁性变化，并将它们转换为字母或数字的形式，以便由计算机处理。磁卡技术能够在小范围内存储较大数量的信息，并且在磁条上的信息可以被重写或更改。

（五）IC 卡识别技术

IC 卡即集成电路卡，是继磁卡之后出现的又一种信息载体。IC 卡通过卡里的集成电路存储信息，采用射频技术与支持 IC 卡的读卡器进行通信。IC 卡的外形与磁卡相似，区别在于两者进行数据存储的媒体不同。磁卡是通过卡上磁条的磁场变化来存储信息。

按读取界面，可将 IC 卡分为以下两种。

1. 接触式 IC 卡

接触式 IC 卡通过 IC 卡读写设备的触点与 IC 卡的触点接触后进行数据的读写。

2. 非接触式 IC 卡

非接触式 IC 卡与 IC 卡读取设备无电路接触，通过非接触式的读写技术进行读写（例如光或无线技术）。卡内所嵌芯片除 CPU、逻辑单元、存储单元外，增加射频收发电路。该类卡一般用在使用频繁、信息量相对较少、可靠性要求较高的场合。

（六）光学字符识别技术（OCR）

OCR（Optical Character Recognition）属于图像识别的一项技术，其目的就是要让计算机迅速识别所接收信息的内容，尤其是文字资料。

OCR 主要针对印刷体字符（比如一本纸质的书），采用光学的方式将文档资料转换成为原始黑白点阵的图像文件，然后通过识别软件将图像中的文字转换成文本格式，以便文字处理软件进一步编辑加工。

一个 OCR 识别系统，从影像到结果输出，必须经过影像输入、影像预处理、文字特征抽取、比对识别，然后经人工将认错的文字更正，最后将结果输出的过程。

（七）射频识别技术（RFID）

射频识别技术是通过无线电波进行数据传递的自动识别技术，是一种非接触式的自动识别技术。它通过射频信号自动识别目标对象并获取相关数据，识别工作无须人工干预，可应用于各种恶劣工作环境。与条码识别技术、磁卡识别技术和IC卡识别技术等相比，它以特有的无接触、抗干扰能力强、可同时识别多个物品等优点，逐渐成为自动识别中最优秀和应用领域最广泛的技术之一，是目前最重要的自动识别技术。

第二节 射频识别技术

射频识别技术在物联网感知技术中占有重要地位，是物联网的核心技术之一。

一、RFID 系统的组成与工作原理

射频识别技术（RFID）是一种无线自动识别技术，它可以通过无线电信号识别特定目标并读写相关数据，而无须在识别系统与特定目标之间建立机械或者光学接触。

它利用射频方式进行非接触双向通信，以达到自动识别目标对象并获取相关数据的目的，并具有精度高、适应环境能力强、抗干扰强、操作快捷等许多优点。

（一）RFID 系统的组成

典型的 RFID 系统包括硬件组件和软件组件两部分。其中，硬件组件由电子标签和阅读器组成，软件组件由中间件和应用软件组成。

1. 电子标签

电子标签是 RFID 系统真正的数据载体，它由标签芯片和标签天线构成。标签天线接收阅读器发出的射频信息，标签芯片对接收的信息进行解调、解码，并把内部保存的数据信息编码、调制，再由标签天线将已调好的信息发射出去。

2. 阅读器

阅读器主要完成与电子标签、计算机之间的通信，对阅读器与电子标签之间传送的数据进行编码、解码、加密、解密，并且具有防碰撞功能，能够实现同时与多个标签通信。

阅读器由射频模块和基带控制模块组成。

（1）射频模块。用于产生高频发射能量，激活电子标签，为无源标签提供能量；对于需要发送至电子标签的数据进行调制并发射；接收并解调电子标签发射的信息。

（2）基带控制模块。用于信息的编码、解码、加密、解密；与计算机应用系统通信，并执行从应用系统发来的命令；执行防碰撞算法。

3. 中间件

随着 RFID 系统的广泛应用，不同接口的 RFID 硬件设备越来越多。软件上，应用程序的规模越来越大，出现了适合不同行业的系统软件及用户数据库，如果每个技术细节的改变都要求衔接 RFID 系统各部分的接口改变，那么 RFID 的发展将会受到严重制约，后期维护、管理的工作量也会大大增加。

RFID 中间件支持各种标准的协议和接口，可以将不同操作系统或不同应用系统的应用软件集成起来。当用户改变数据库或增加 RFID 数据时，只需改变中间件的部分设置就可以使整个 RFID 系统继续运行，省去了重新编写源代码的麻烦，为用户节省了费用，提高了工作效率。

4. 应用软件

应用软件是直接面向 RFID 应用最终用户的人机交互界面。它以可视化的界面协助使用者完成对阅读器的指令操作以及对中间件的逻辑设置，逐级将 RFID 技术事件转化为使用者可以理解的业务事件。

不同应用领域的应用软件需要根据各自应用领域的特点专门制定，很难具有通用性。

（二）工作原理

RFID 是一种不需要机械接触就能够自动识别的技术，其原理是利用射频信号的电磁传播进行特征的传输，进而实现对物体的自动识别。阅读器通过发射电磁波，当电子标签处于其工作区域的时候会产生感应电流而获得能量，此时电子标签就会把自身的编码信号通过天线发射出去；阅读器的接收天线接收由电子标签传来的调解信号，再由天线调节器传送给阅读器进行处理，经过解调和解码后，有效的信号会被传送到主机系统进行响应处理；主机系统处理后，再发出信号控制阅读器执行不同的读写操作。

二、RFID 分类

到目前为止，RFID 没有形成统一的分类标准，较常见的分类标准包括以下几种。

（一）根据供电形式分类

实际应用中，电子标签的耗能是非常低的，尽管如此，也必须给电子标签供电后它才能工作。

根据不同的供电形式，电子标签可分为无源标签、有源标签、半有源标签。

1. 无源标签

无源标签内部不带电池，工作所需的电能主要由天线接收阅读器的射频信号的能量转换为直流电源提供。这种电子标签具有永久的使用期，但是由于转换所得的电能比较弱，导致信号的传输距离比有源标签短。无源标签适用于读写次数多、对信号传输距离要求不高的场合。

无源标签发展最早，也是发展最成熟、市场应用最广的产品。如公交卡、食堂餐卡、银行卡、宾馆门禁卡、二代身份证等，这些在我们的日常生活中随处可见，属于近距离接触式识别类。

2. 有源标签

有源标签的电能由自身内部的电池提供。电量充足时，其信号的传输距离远，属于远距离自动识别类标签，主要用于有障碍物的场合中。但随着电量的消耗，其传输距离会越来越短，可能会影响系统的正常工作。

有源标签是最近几年慢慢发展起来的，其远距离自动识别的特性，决定其具有巨大的应用空间和市场潜质。在远距离自动识别领域，如智能监狱、智能医院、智能停车场、智能交通、智慧城市等领域有重大应用。

3. 半有源标签

半有源标签介于有源标签和无源标签之间，其内部带电池，但电池只用于激活系统，当系统被激活后，标签在无源状态下工作，工作电能靠外部提供。相比于无源标签，半有源标签在反应速度更快，距离更远，效率也更高。

（二）根据可读写性分类

根据电子标签的可读写性，分为可读写标签（RW）、一次写入多次读出标签（WORM）和只读标签（RO）三类。

1. 可读写标签

可读写标签可以修改存储其中的数据，一般比一次写入多次读出标签和只读标签成本高得多，如电话卡、信用卡等一般均为可读写卡。

2. 一次写入多次读出标签

一次写入多次读出标签是指用户可以一次性写入，写入后数据不能改变，成本比可读写标签要低。

3. 只读标签

只读标签存有一个唯一的号码，不能修改，因而也保证了一定的安全性。

（三）根据工作频率分类

根据电子标签的工作频率，可分为低频（30~300kHz）、高频（3~30MHz）、超高频（300MHz~3GHz）系统。

1. 低频系统

低频系统成本低廉，电子标签外形多样，一般为无源标签。其特点是电子标签内保存的数据量较少，阅读距离较短，阅读天线方向性不强等。主要用于短距离的应用中，如门禁控制、校园卡、煤气表、水表等。

2. 高频系统

高频系统识读速度较快，可以实现多标签同时识别，形式多样，价格合理，可以用于需传送大量数据的应用系统。一般以采用无源标签为主。但是高频 RFID 产品由于其频率特性，识读距离较短，对可导媒介（如液体、高湿、碳介质等）穿透性不如低频产品，该系统主要用于电子车票、电子身份证、电子闭锁防盗（电子遥控门锁控制器）、小区物业管理、大厦门禁系统等。

3. 超高频系统

超高频系统成本较高，其特点是标签内保存的数据量较大，阅读距离较远（可达十几米），适应物体高速运动性能好。阅读天线及电子标签天线均有较强的方向性，但其天线波束方向较窄且价格较高，主要用于需要较长的读写距离和高读写速度的场合，如铁路车辆自动识别、集装箱识别、公路车辆识别与自动收费系统。但是，超高频电磁波对于可导媒介（如水等）完全不能穿透，对金属的绕射性也很差。

三、RFID 系统优势

RFID 是一项易于操控、简单实用，特别适合于自动化控制的灵活性应用技术，识别工作无须人工干预，既可支持只读工作模式，也可支持读写工作模式，且无须接触或瞄准；可自由在各种恶劣环境中工作。短距离射频产品不怕油渍、灰尘污染等恶劣的环境，可以替代条码，用在工厂的流水线上跟踪物体；长距射频产品多用于交通上，识别距离可达几十米，如自动收费或识别车辆信息等。

射频识别系统主要具有以下几个方面优势。

（一）读取方便快捷

数据的读取无须光源，甚至可以透过外包装来进行。有效识别距离更大，采用自带电池的主动标签时，有效识别距离可达到 30 米以上。

（二）识别速度快

标签一进入磁场，解读器就可以即时读取其中的信息，而且能够同时识别多个标签，实现批量识别。

（三）数据容量大

数据容量最大的二维条形码（PDF417），最多只能存储 2725 个数字，若包含字母，存储量则会更少。RFID 标签则可以根据用户的需要扩充到数十倍。

（四）使用寿命长，应用范围广

无线电通信方式使其可以应用于粉尘、油污等高污染环境和放射性环境，而且其封闭式包装使得该系统使用寿命大大超过印刷的条形码。

（五）标签数据可动态更改

用户利用编程器可以向标签写入数据，从而赋予 RFID 标签交互式便携数据文件功能，而且写入所用时间比打印条形码时间更短。

（六）更高的安全性

射频识别系统不仅可以嵌入或附着在不同形状、类型的产品上，还可以为标签数据的读写设置密码保护，从而使其具备更高的安全性。

（七）动态实时通信

标签以每秒 50—100 次的频率与解读器进行通信，所以只要 RFID 标签所附着的物体出现在解读器的有效识别范围内，就可以对其位置进行动态的追踪和监控。

四、RFID 典型应用

射频识别技术应用的领域十分广泛。

（一）身份证

国内第二代居民身份证，证件信息存储在芯片内，从信息读出方式上讲，其采用的就是无线射频技术。

（二）病人识别及医疗器械追踪

生活中，将腕式 RFID 标签佩戴于工作人员和病人手腕上，就可以很方便地对他们进行识别以及对其位置进行持续追踪，同时，上述应用可以和门禁控制功能相结合，确保只有经过许可的人员才能进入医院关键区域，如限制未经许可人员进入药房、儿科和其他高危区域等。病人出现紧急情况时，可通过标签下的紧急按钮进行呼叫。除此之外，还可以将 RFID 标签附着在医疗器械，对医疗仪器与设备提供限时位置追踪功能，加强设备的综合利用及管理。另外，该系统还可以有效杜绝危险受控药品的外流滥用。

（三）物流管理

用户通过射频识别可以准确掌握产品相关信息，实现从原材料采购、半成品与制成品的生产、运输、储存、配送、销售，以及退货处理与售后服务等所有供应链环节的实时监控。

（四）行李分类

目前，很多机场已经开始使用无源标签的射频识别进行行李分类。与使用条码的行李分类相比，使用无源标签的射频识别可从不同角度识别行李标签，标签上的信息储存量更大，识别速度更快，结果也更加准确。

（五）门禁系统

许多大学、办公区、仓库、旅馆等区域都在大门及房门设置读卡器，用以控制与记录每个人的出入，不仅为开锁提供了方便，也可以在需要的时候便捷地查询相关人员进出情况。

（六）图书馆智能管理

传统图书馆采用条形码作为书本识别方式，每次只能识别一个条形码，与阅读器的数据为单向交流，没有记忆空间，导致书库管理功能受到限制。传统图书馆借还图书采用人工打条码、消磁借还书的方式，效率低下，经常会出现读者排队等候，引发用户情绪不满。现在很多图书馆开始使用射频识别来代替馆藏上的条码。标签能够包含识别信息或只作为一个数据库的钥匙。一个射频识别系统能够代替或辅助条码，并能提供另一种目录管理和读者自助式借阅的方法。图书馆应用 RFID 智能管理系统可以一次性读取多本图书的 RFID 标签，即一次性借还多本图书，大大缩短了读者借书、还书时间。另外，充分利用标签中的记忆功能，可以提高自助借还效率与书库管理的精确性，改善图书馆图书错架、乱架现象，防止图书遭窃，而且在一定程度上维护了读者的权益。

五、EPC 产品电子代码

产品的唯一标识对产品是十分重要的，常见的条码识别最大的缺点就是它只能识别一类产品。随着商品经济的发展，人们迫切需要给每一个商品提供唯一的编码。为此，电子产品码应运而生。

（一）EPC 概念的提出

1999 年，美国麻省理工学院的一位教授提出了 EPC（Electronic Product Code）开放网络（物联网）构想，在国际条码组织（EAN.UCC）、宝洁公司（P&G）、吉列公司、可口可乐、沃尔玛、联邦快递、雀巢、IBM 等全球 83 家跨国公司的支持下，开始实施这一发展计划。并于 2003 年完成了技术体系的规模场地使用测试，于 2003 年 11 月 1 日成立 EPCglobal 全球组织推广 EPC 和物联网的应用。

目前，欧、美、日等发达国家及地区全力推动符合 EPC 技术电子标签的应用，全球最大的零售商美国沃尔玛宣布：从 2005 年 1 月份开始，前 100 名供应商必须在产品中使用 EPC 电子标签，2006 年必须在产品包装中使用 EPC 电子标签。美国、欧洲、日本的生产企业和零售企业都在 2004 年到 2005 年开始陆续使用了 EPC 电子标签。

（二）EPC 编码的概念

电子产品码采用一组编号来代表制造商及用于确定产品类别，同时还有另一组编号用于标识特定的产品。有了电子产品码，就可以通过射频识别系统来识别每件产品，从而可以做到产品快速扫描、产品追踪、精确物流、EPC 编码等。具有唯一性、简单性、可扩展性以及保密性与安全性的特点。

EPC 编码是国际条码组织推出的新一代产品编码体系。原来的产品条码仅是对产品分类的编码，而 EPC 码是对每个单品都赋予一个全球唯一的编码，EPC 编码实行 96 位（二进制）方式。96 位的 EPC 码，可以为 2.68 亿公司赋码，每个公司还可以有 1600 万个产品分类，每类产品可以有 680 亿个独立产品编码。形象地说，EPC 编码可以为地球上的每一粒大米分别赋予一个唯一的编码。

（三）EPC 编码结构

电子产品码是标签储存的常见数据类型，当由 RFID 标签打印机写入标签时，标签包含 96 位的数据串。前 8 位是一个标题，用于标识协议的版本。接下来的 28 位是识别管理这个标签的数据组织，该组织的编号是由 EPCglobal 协会分配的。接下来的 24 位是对象分类，用于确定产品的类别，最后 36 位是这个标签唯一的序列号。

（四）EPC 标签

产品电子标签（EPC 标签）由一个比大米粒的 1/5 还小的电子芯片和一个软天线组成，它像纸一样薄，可以做成邮票大小，或者更小。

EPC 电子标签可以在 1 ~ 6 米的距离内让读写器探测到，用于读写信息。

EPC 标签是一个成熟的技术，其特点是全球统一标准，制作成本也非常低。EPC 标签通过统一标准、大幅降低成本、与互联网信息互通的特点，使电子标签得到广泛应用。

（五）EPC 标签的应用优势

EPC 电子标签具有无接触读取，远距离读取，动态读取，多数量、多品种读取，标签无源，存储量大等优势。这些都是条码无法比拟的。因此，采用 EPC 电子标签技术，可以实现数字化库房管理，并配合 EPC 编码，使得库存货品真正实现网络化管理。

在仓库管理系统中应用 EPC/RFID 技术，能够实现以下操作：

（1）货品动态出入库管理。

（2）极大提高对出入库产品信息记录采集的准确性。

（3）构建灵活的可持续发展体系。

（4）系统能在任何时间实时显示当前库存状态。

（5）独立的工作平台与高度的互动性。

（6）实时性信息收集和传输，以提高工作效率。

（7）方便的管理模式，准确快捷的信息交流。

（8）易操作性的界面设计将降低库存管理的难度等。

除此之外，EPC 标签在食品溯源、牲畜溯源、电力管理、智能家居、个人保健、智能校园、平安城市、智能农业、智能经济等方面都可以应用。

第三节 无线传感器网络系统

一、无线传感器网络系统概述

（一）传感器网络

20世纪90年代末，随着现代传感器、无线通信、现代网络、嵌入式计算、集成电路、分布式信息处理与人工智能等新兴技术的发展与融合，以及新材料、新工艺的出现，传感器技术向微型化、无线化、数字化、网络化、智能化的方向迅速发展。由此，人们研制出了各种具有感知、通信与计算功能的智能微型传感器。传感器网络就是大量部署的集成传感器、数据处理单元和通信模块的微小节点在监测区域内构成的网络。

借助于节点中内置的形式多样的传感器测量所在周边环境中的热、红外、声呐、雷达和地震波等信号，传感器网络探测包括温度、湿度、噪声、光强度、压力、土壤成分、移动物体的大小、速度和方向等众多人们感兴趣的物质现象。

（二）无线传感器网络

传感器网络在通信方式上，虽然可以采用有线、无线、红外和光等多种形式，但人们一般认为短距离的无线低功率通信技术最适合传感器网络使用。为明确起见，这种网络一般被称作无线传感器网络。

其他通信方式如一种名为智能微尘的一个新的工程概念，目的是让拥有智能的无线传感器缩小成沙粒或尘埃的大小，检测温度、振动等。每个智能微尘可以是一个无线传感器网络中的节点，以收集信息、处理信息与其他节点连接。因为智能微尘可以像尘埃一样悬浮在空中，有效地避免了障碍物的遮挡，因此采用光作为通信介质。

无线传感器网络（WSN）通过无线通信方式形成一个自组织网络系统，具有信号采集、实时监测、信息传输、协同处理、信息服务等功能，能感知、采集和处理网络所覆盖区域中感知对象的各种信息，并将处理后的信息传递给用户。

WSN可以使人们在任何时间、任何地点和环境条件下，获取大量精准可靠的信息，这种具有智能获取、传输和处理信息功能的网络化智能传感器和无线传感器网络，正在成为IT领域的新兴产业，广泛应用于军事、科研、环境、交通、医疗、制造、反恐、抗灾、家居等领域。

二、无线传感器网络体系结构

（一）无线传感器网络协议结构

网络协议为不同的工作站、服务器和系统之间提供通信方式，是为网络数据交换而制定的标准和规则。目前，互联网与其他传统通信网络已经有了成熟的网络协议，而由于传感器网络在工作环境、设计目的、能源供应等方面与传统互联网以及其他通信网络存在差异，其体系结构也不同于传统的网络。

当前，无线传感器网络主要分为两个组成部分：网络通信部分和传感器管理部分。

1. 网络通信部分

网络通信部分包含物理层、数据链路层、网络层、传输层和应用层，负责实现各个节点之间的信息传递，然后由节点把收集到的信息传递给传感器管理部分。

（1）物理层

物理层主要负责数据的收集，并对收集的数据进行抽样，包括信道区分和选择、无线信号检测、调制与解调、信号的发送与接收等。

以目前电子电路的技术水平，在传送和接收一定长度的数据时，发射需要消耗的能源大于接收需要消耗的能源，更大于 CPU 运算需要消耗的能源。考虑到每个节点具有的能量十分有限，所以节能对整个网络的设计与维护十分重要。如何进行动态功率的管理和控制是无线传感器网络的一个重点研究方向。

（2）数据链路层

数据链路层负责媒体接入控制和建立节点之间可靠的通信链路，可分为媒体访问控制和逻辑链路控制。

（3）网络层

网络层负责数据传输路径的选择，主要任务是路由的生成与选择，包括分组路由、网络互联、拥塞控制等。它需要在传感器的源节点与汇聚节点之间建立路由以实现可靠的数据传输。因为多跳通信比直接通信更加节能，这也正好符合数据融合和协同信号处理的需要。在无线传感器网络中，节点一般都采用多跳路由相互连接的方式。

（4）传输层

传输层进行保障数据流进行有效可靠的传输。

（5）应用层

应用层进行信息处理，具体使用收集到的数据。

2. 传感器管理部分

传感器管理部分包含能源管理、移动管理和协同管理。管理平台决定了对收集数据的处理方式。管理平台还要负责各个节点的控制和监测，确保节点能够正常工作。

（1）能源管理

由于无线传感器网络中节点规模大并且每个节点趋于小型化，每个节点的电源能量都是最宝贵的资源。因此，能量管理部分就是为了尽可能合理、有效地利用能量，使整个无线传感器网络寿命延长。

（2）移动管理

由于无线传感器节点可以移动，因此需要移动管理来检测传感器节点的移动，并使其连接到汇聚节点上，使传感器节点能正确追踪其他节点的位置。

（3）协同管理

为了节省能量，人们必须采用有效的感知模型、较低的采样率和低功耗的信号处理算法。同时，为了提高对感知区域监控的有效性，多个节点对目标的检测、分类、辨识和跟踪而产生的信息处理必须在一定的时间内完成。

在以往的无线通信系统中，网络节点把收集到的原始数据直接发送给中心节点，由中心节点来进行信号处理。但在无线传感器网络这种能源十分宝贵的情况下，这种中心处理方式会浪费很多宽带资源与电能。并且在中心节点附近的其他节点因要转发大量的信息，能量更容易耗尽，这样会大大缩短了网络的生存时间。因此在无线传感器网络节点之间进行协同信号处理十分必要。

协同信号处理指的是多个节点协作性地对多个信源的数据进行处理，是一种按需的、面向目标的信号处理方式，只有当节点接到具体的查询任务时，才能进行与当前查询有关的信号处理任务。协同信号处理是一种灵活的信号处理方式，能根据不同的查询任务进行相应的信号处理。

（二）无线传感器网络拓扑结构

在无线传感器网络中，大量节点散布在检测区域内，传感器节点之间以自组织形式构成网络，每个节点获取的数据通过无线网络传输，数据通过多个节点，最后通过网关连接到其他网络。这种节点之间组成的网络便是传感器网络拓扑结构。

在无线传感器网络的实际应用中，由于大量的节点以及各个节点的环境和能源因素，整个网络的节点很可能会动态地增加或减少，从而可能使网络的拓扑结构随之发生变化，但总体来讲无线传感器网络的拓扑结构可以分为以下几种类型。

1. 星形拓扑结构

星形拓扑结构的每一个节点都直接连接到网关节点，单个的网关节点可以向其他节点发送或接收数据，在星形拓扑结构中，不同的一般节点（终止节点）之间不允许发送数据。这种连接方式能实现在一般节点和网关之间的低传输延迟，不过由于所有节点都依靠一个节点来工作，一般节点就必须分布在网关节点的无线信号范围内。

星形拓扑结构的优点是可以降低一半节点的能源消耗，而且易于管理。其缺点是网络规模不大。

2. 树形拓扑结构

在树形拓扑结构中，每个节点连接到树上层的一个节点，最后连接到网关。

树形拓扑结构的主要优点是可以简单地拓展网络，并且易于查错。其缺点是路由节点损坏或能源耗尽时将会导致整条支路瘫痪。

3. 网状拓扑结构

网状拓扑结构允许每个节点与其无线网络范围内的任意节点传送数据，如果节点想要与其无线网络范围外的节点进行数据传输，它就会通过在其范围内的其他节点将数据转发给目标节点。

网状结构的优点是传输灵活，不依赖单个节点，并且可组建检测大面积区域的网络。其缺点是网络结构复杂，并需要大量成本投入。

三、无线传感器网络特性

无线传感器网络以感知为目的，特征是通过传感器等方式获取物理世界的各种信息，结合互联网、移动通信网等网络进行信息的传送与交互，采用智能计算技术对信息进行分析处理，从而提升对物质世界的感知能力，实现智能化的决策和控制。中间节点不但要转发数据，还要进行与具体应用相关的数据处理、融合和缓存。

无线传感器网络的主要特点如下：

（一）大规模网络

为了全面获取信息，同时因为检测区域可能较大，通常还会在检测区域部署大量无线传感器节点，甚至由上万的传感器组成一个网络。由于每个节点会尽可能做到低功耗，通过对多个节点采集的大量信息进行综合分析，能够在降低单个节点需求的情况下提高监测的精确度。节点密度高、冗余度大，也使得系统的容错性能比较强。

（二）动态性网络

由于实际应用需要，无线传感器网络的节点可以随意移动。一个节点可能会因为电池能量耗尽或其他故障，退出网络运行，也可能会随时加入新的无线传感器节点。这样，在无线传感器网络中的节点个数就会动态地增加或减少，加之无线信道间的相互干扰、天气和地形等因素的影响，无线传感器网络的拓扑结构会即时动态地变化。因此，就要求无线传感器网络能够动态地适应这种变化。

（三）通信能力有限

每个无线传感器节点的通信覆盖范围大多只有几十米到几百米，而且通信容易受到地势地貌以及自然环境的影响，因此，传感器可能会脱离网络离线工作。

由于网络中节点通信距离有限，节点只能与它的邻居节点直接通信。如果用户希望与其射频覆盖范围之外的节点进行通信，则需要通过中间节点转发。无线传感器网络的多跳路由是由普通节点协作完成的，而不是由专门的路由设备来完成。这样，每个节点既可以是信息的发起者，也可以充当其他节点所发起信息的转发者。

（四）计算和存储能力受限

传感器节点趋向于微型，要求成本低、功耗小，这些限制必然会导致其携带的处理器能力比较弱，存储器容量比较小。由于传感器节点数量巨大、价格低廉，而且外部环境复杂，所以传感器节点通过更换电池的方式来补充能源是不现实的。如何高效使用能源使节点寿命最大化，这是无线传感器网络首先需要解决的问题。

传感器节点消耗能量的模块包括传感器模块、处理器模块和无线通信模块。一般而言，绝大部分能量都消耗在无线通信模块上。

无线通信模块具有发送、接收、空闲和睡眠四种状态，它处于睡眠状态时会关闭通信模块，处于空闲状态时会一直监听无线信道的使用情况。无线通信模块处于发送状态时，其能量消耗最大；处于空闲状态和接收状态时，其能量消耗相差不大，都略少于发送状态时的能量消耗；处于睡眠状态时，能量消耗少。为了提高网络通信效率，需要减少不必要的转发和接收，其在不需要通信时应尽快使无线通信模块进入睡眠状态。

（五）以数据为中心的网络

无线传感器网络以实际任务为目的。一般情况下，在传感器网络中，人们关心的是某个区域的某个观测指标的值，而不会关心这个值是由哪些节点获取的。例如，在应用于目标追踪的传感器网络中，目标可能出现在任何地方，用户只会关心目标出现的位置和时间，并不关心哪个节点监测到了该目标。

也就是说，用户使用传感器网络查询事件时，并不是具体地去找某个节点，而是直接给管理网络下达指令，由管理网络在获得该事件的相关信息后再汇报给用户。这是一种以数据本身作为查询或者传输线索的思想。总而言之，无线传感器网络是一个以数据为中心的网络。

（六）应用相关的网络

传感器用来感知客观世界，获取世界的信息。客观世界的信息量无穷无尽，因此根据具体应用方向的不同，传感器也要能获取不同的物理量。

不同的应用背景对传感器网络的要求不同，其硬件平台、软件系统和网络协议必然会存在巨大差异。所以，传感器网络与网络不同，它没有统一的通信协议平台。

对于不同的传感器网络应用虽然存在一些共性问题，但在开发传感器网络应用中，人们更关心传感器网络的差异。由于内部和外部环境复杂，且传感器数量巨大，人工维护每个节点并不现实，因此，无线传感器的安全性和网络的通信保密性十分重要，要防止监测数据被盗取和获取伪造的监测数据。

四、无线传感器网络应用领域

随着微处理器体积的缩小和性能的提升，已经有中小规模的 WSN 在工业市场上开始投入使用。其应用主要集中在以下领域。

（一）环境监测

随着人们对于环境问题的关注程度越来越高，人们需要采集的环境数据也越来越多。无线传感器网络的出现，为获取随机性的研究数据提供了便利，并且可以避免传统数据收集方式给环境带来的侵入式破坏。

例如，英特尔实验室研究人员曾经将 32 个小型传感器连进互联网，以观测缅因州"大鸭岛"上的气候，用来评价一种海燕巢的条件。无线传感器网络还可以跟踪候鸟和昆虫的迁徙，研究环境变化对农作物的影响，监测海洋、大气和土壤的成分等。此外，它也可以应用在精细农业中，来监测农作物中的害虫、土壤的酸碱度和施肥状况等。

（二）医疗护理

罗彻斯特大学的科学家使用无线传感器创建了一个智能医疗房间，使用微尘来测量该房间居住者的重要体征（血压、脉搏和呼吸）、睡觉姿势以及每天 24 小时的活动状况。英特尔也推出了基于 WSN 的家庭护理技术。该技术是作为探讨应对老龄化社会的技术项目的一个环节而开发的。该系统通过在鞋、家具以及家用电器等物品和设备中嵌入半导体传感器，利用无线通信将各传感器联网，可高效传递必要的信息，从而方便接受护理，而且还能为老龄人士及残障人士提供服务，还可以减轻护理人员的负担。

（三）军事领域

无线传感器网络具有的密集型、随机分布特点，使其非常适合应用于恶劣的战场环境中，包括侦察敌情、监控兵力、装备和物资，判断生物化学攻击等多个方面。美国国防部远景计划研究局已投资数千万美元，用于"智能尘埃"传感器技术的研发。

（四）目标跟踪

DARPA 支持的 Sensor IT 项目探索如何将 WSN 技术应用于军事领域，实现所谓的"超视距"战场监测。UCB 的教授主持的 Sensor Web 是 Sensor IT 的一个子项目。该项目原理性地验证了应用 WSN 进行战场目标跟踪的技术可行性。翼下携带 WSN 节点的无人机（UAV）飞到目标区域后抛下节点，最终随机散落分布于被监测区域，用户利用安装在节点上的地震波传感器可以探测到外部目标，如坦克、装甲车等，并根据信号的强弱估算距离远近，综合多个节点的观测数据，最终定位目标，并绘制出其移动的轨迹。

（五）其他用途

WSN还被应用于一些危险的工业环境，如矿井、核电厂等，工作人员可以通过它来实施安全监测，它也可以用在交通领域作为车辆监控的有力工具。

此外，WSN还可以应用在工业自动化生产线等诸多领域，如英特尔正在对工厂中的一个无线网络进行测试，该网络由40台机器上的210个传感器组成，这样组成的监控系统可以大幅降低检查设备的成本，同时由于使用WSN可以提前发现问题，因此能够缩短停机时间，提高效率，并延长设备的使用寿命，大大改善工厂的运作条件。

在节点上的温度传感器可以探测到目标，并将报告给基站。基站根据这些信息进行处理，给各个节点的坐标，量据了定目标，并会确定其移动的轨迹。

（五）其他应用

WSN 的应用……

此外，WSN 也可以应用在工业自动化生产线等需求。……

第三章　物联网服务与管理技术

第一节　物联网云计算技术

一、从生活实例说起云计算

说起云计算，很多人都认为这是专业人员的事情，与我们大多数人没有什么关系。其实，云计算已经深入我们日常生活的各个方面，在介绍专业知识前，我们先看看以下几个生活实例。

（一）电子日历

我们的大脑并不是万能的，不可能记住我们所有需要记得的每一件事。所以，我们需要用一些工具来协助我们。最初，圆珠笔和便签是很好的备忘选择。后来，人们可以把要做的事在电脑、手机上记录下来，但我们需要在不同的设备上记录很多次，这样做有点麻烦。设计出一个电子日历（应用云计算技术的日历）可以十分简单地解决这个问题。电子日历可以提醒我们在母亲节时要准备礼物，提醒我们什么时候去干洗店取衣服，提醒我们飞机还有多长时间起飞，等等。这种电子日历可以通过各种方式提醒我们，如电子邮件、手机短信，或者一个电话。

（二）电子邮件

出于不同的原因，我们可能会有几个不同的邮箱。而查看这些邮箱的邮件，就变成一件烦琐的事情，我们需要打开不同的网站，输入不同的用户名及密码，通过云计算托管，邮件服务提供商可以将多个不同的邮件整合在一起。例如，谷歌的 Gmail 电子邮件服务，可以整合多个符合 POP3 标准的电子邮件，用户可以直接在 Gmail 的收件箱中收到来自各个邮箱的电子邮件。

（三）在线办公软件

自从云计算技术出现以后，办公室的概念就越来越模糊了。不管是谷歌的 Apps 还是微软推出的 SharePoint，都可以在任何一个有互联网的地方同步办公所需的办公文件。即使是同事之间的协作也可以通过上述基于云计算技术的服务来实现，而不用像传统的工作方式那样必须在同一个办公室里才能够完成合作。在将来，随着移动设备的发展以及云计算技术在移动设备上的应用，办公室的概念将会逐渐消失。

（四）地图导航

在没有 GPS 的时代，每到一个地方，我们都需要购买当地的地图，以前也经常可以看见路人拿着地图问路的情景。而现在我们只需要一部手机，就可以拥有一张全世界的地图。甚至还能够了解纸质地图上得不到的信息，如交通路况，天气状况，等等。正是基于云计算技术的 GPS 带给了我们这一切的变化。地图、路况这些复杂的信息并不需要预先安装在我们的手机中，而是储存在服务提供商的"云"中，我们只需在手机上按一个键，就可以很快找到我们所要找的地方。

云计算拥有众多的应用功能，让我们的生活变得更加便捷，更加富有乐趣。未来，云计算有望走进千家万户，使更多的人享受到云计算带来的诸多便利。

二、云计算的定义

云计算是继 20 世纪 80 年代大型计算机到客户端—服务器的大转变后的又一次巨变。

云计算是通过使计算分布在大量的分布式计算机上，而非本地计算机或远程服务器中，企业能够将资源切换到需要的应用，根据需求访问计算机和存储系统。好比是从古老的单台发电机模式转向了电厂集中供电的模式。云计算的出现意味着计算能力也可以作为一种商品进行流通，就像煤气、水电一样，取用方便，费用低廉。云计算与其他商品最大的不同在于，它是通过互联网进行传输的。

简单的云计算技术在网络服务中已经随处可见，例如搜索引擎、网络信箱等，用户只要输入简单指令就能得到大量信息。也就是说，云计算是一种 IT 资源的交付和使用模式，即通过网络以按需、易拓展的方式获得所需的硬件和软件、平台、软件及服务等资源，这种服务模式被称为云服务。

对云计算的定义有多种说法。目前通常使用美国国家标准与技术研究院（NIST）的定义：云计算是一种按使用量付费的模式，这种模式提供可用的、便捷的、按需的网络访问，进入可配置的计算资源共享池（资源包括网络、服务器、存储、应用软件、服务），这些资源能够被快速提供，用户只需投入很少的管理工作，或与服务供应商进行很少的交互。

三、云计算的分类

（一）按服务模式划分

现阶段，从云计算技术的服务模式来看，云计算能提供的共享资源池服务能力可以大体分为三种类型：基础设施即服务、平台即服务、应用即服务。

基础设施服务云是云资源中心提供计算资源、网络资源、存储资源等 IT 基础架构支撑能力的服务。云平台为所有用户按需提供资源和服务，其服务能力需要基于广泛的互联网接入进行业务数据通信。根据云平台的发展现状，云平台支持各个地区以及匹配行业业务发展的需求，需借助已搭建完善的互联网提供商进行数据传输，构建服务业务网络体系。

云资源中心通过虚拟化技术整合硬件能力，把物理资源进行资源池化，并通过基础架构为使用者动态地提供虚拟资源，如虚拟机服务、虚拟化存储、虚拟交换机、虚拟化防火墙、虚拟负载均衡器、操作系统模板等，并利用整个虚拟资源池提供全部资源的高可用和多数据中心间的容灾保护。根据不同业务的应用和系统需要，云资源中心为其提供所需的计算资源、网络资源和存储资源，来满足系统的正常运行。

云资源中心的服务器需要进行大量的数据交互，因此要对整个云中心设计和搭建高性能和高可靠性的网络架构，采用高性能和高带宽的交换设备做支撑，也是对运行在云平台的各客户虚拟机和应用系统的重要保证。将服务器、交换机、磁盘阵列通过虚拟化技术进行虚拟资源池化，通过云管理平台形成 IaaS 资源中心，最终以整体资源的形式对业务系统提供计算能力、存储能力和网络数据交互，针对不同业务对计算能力需求的大小提供相应的资源，为各种业务之间的数据提供高速可靠的传输，支撑云平台上的所有业务系统。

平台服务云是云资源中心在为用户提供计算资源、网络资源、存储资源的基础上还为用户整合了通用的操作系统、中间件、数据库、集成了应用开发环境和开发工具等业务支撑服务能力。云资源中心提供的通用操作系统包括微软公司的 Windows7，Windows10，Windows Server 2012；主流 Linux 操作系统包括红帽，Suse，Centos，Ubuntu 等。云资源中心提供主流的中间件能力包括数据库中间件、远程过程调用中间件、消息队列中间件、基于对象请求代理的中间件、事务处理中间件等。云资源中心提供的数据库能力包括微软 SQL Server，MYSQL，MongoDB 等。云资源中心提供的应用开发支撑软件包括 Java EE 平台开发框架中间件 Struts2，Hibernate，Spring，以及其集成开发工具 My Eclipse 等。平台服务云为了便于运行和管理各个业务模块和子系统的稳定运营和效率，通常利用 J2EE 技术中的底层网页技术为核心，建立一套一体化的业务支撑平台架构，进行相应的应用保障服务，作为系统应用的基本运行环境。平台用户可以在租用的开发运行环境中采用预部署的开发工作来创建自己的业务，后期还能直接在平台服务云上运营该业务，为部署在平台服务云中的业务系统提供各类开发、测试和业务部署。

应用服务云（SaaS）是用户通过互联网直接使用云资源中心上提供的一种或多种应用系统，实现业务应用的快速上线服务。具体来说，就是提供面向公众企业用户或内部用户服务的业务系统支持以及服务用户，主要由云资源中心统一规划、设计、开发和部署各类应用系统软件组成。在应用服务云的设计中必须考虑业务系统和功能模块的在线升级，保障所有 API 接口的一致性和应用服务的高可用性。在云平台上需要设计规划用户和应用软件的使用权限管理、多租户运营，方便不同的租户在自己的权限范围内使用。应用服务云平台将采用面向服务的体系架构提供应用服务。SOA 是一个组件模型，它将业务系统的不同业务处理模块（称之为服务）通过这些模块之间预先定义好的接口和规范连接在一起为用户提供整体服务的能力。这些规范的定义采用较为公立的模式，并在硬件环境和软件开发环境范围内独立，不会对第三方产生依托。在这种环境下的业务系统内部的各个模块采用通用的模式进行数据传输及逻辑交互。

综上所述，应用服务云为用户的整个企业提供完备的软件，用户可根据需要订阅特定的 SaaS 应用服务，如会计、人力资源管理、营销管理、采购管理、项目管理、销售管理、供应链管理和运输管理等。云平台上的应用套件可以让用户按角色对软件进行个性化设置，借助企业应用套件，可以轻松地从任何地方通过任何设备连接企业业务。此外，企业可以连接至其他云并集成到现有系统中。在安全方面，应用服务云可在云的每一层确保自身安全性，实现内置的企业实践流程和嵌入式、数据驱动的智能管理。

（二）按部署方式划分

在现阶段云计算技术领域，按照整体部署方式可划分为公有云、私有云和混合云三种方式。

公有云是指云服务提供商自己搭建云业务数据中心，为其他企业用户提供通用的云产品服务。公有云一般通过互联网进行访问，按照实际使用情况进行付费，其核心理念是提供共享的资源服务。这种云办，许多实例，可在当今整个开放的公有网络中提供服务，能够用相对低廉的价格，提供给最终企业用户完善的服务，为用户创造新的业务价值。目前主流的公有云提供商有阿里云、亚马逊 EC2、微软 Azure、IBM、Google、世纪互联、Salesforce 等。

公有云为用户提供了安全可靠的网络连接和信息化支撑服务，同时提供了安全的数据存储服务。中小企业可以专注于业务本身而不用担心数据安全的维护和保障。然而，很多企业信息中心管理者认为数据只有在自己的机房内才是最安全的，其实并不是这样。无论是存储在计算机还是服务器，存储中的数据都有可能被使用人员误操作或遇到病毒攻击导致数据损失，这就凸显了数据备份和容灾的重要性。中小企业自建备份和容灾中心成本高昂，完全可以利用云数据中心的备份和容灾能力或者安全的数据保障机制。如曾经轰动一时的新闻事件也只是因为个人电脑送修造成的数据泄露。然而，当用户数据保存在百度云盘、金山网盘等网络服务平台上，就不用再担心数据的泄露或丢失了。因为在公有云的数据中心内，有业界最专业的 IT 人员进行数据中心运维，而且复杂的权限管理和数据隔离策略可以防止用户的数据被他人窃取。

公有云提供的云盘服务在便捷方面具有传统架构无法比拟的优势。用户可以直接在浏览器中修改存储在公有云盘上的数据文件，也可以多人共享协同编辑云端的文件，极大地提高了企业协同办公的效率，同时不用担心文档多次修改后的最新版本遗失问题，公有云提供了丰富的版本管理的能力。公有云在进行数据共享和应用分享上有着天然优势。公有云为企业业务变革带来无限可能，为企业的业务数据存储提供了近乎无尽的空间，也为企业业务数据的处理提供了近乎无尽的计算能力。

私有云是为某个特定用户、机构建立的，只供建设企业自己使用，实现企业内部的资源优化，只为企业内部运营提供 IT 支撑和技术服务。建设私有云的企业不与其他企业做任何资源共享，服务对象是对安全性和可管理性以及个性化 IT 建设要求较高的企业。私有云主要由大规模的 IT 厂商和解决方案提供商主导，为用户提供产品和解决方案。目前，主要的解决方案商有 IBM、联想、华为、浪潮、青云、微软等。

目前，资源丰富的大型公司纷纷率先开始向私有云架构进军，通过搭建企业内部的私有云平台，迁移传统的业务系统和应用，提高对业务支撑的敏捷和效率，逐步加快自身的数字化转型。在私有云的建设过程中，各企业要根据业务的发展要求进行总体规划与顶层设计，制定可行合理的方案，既要体现创新性和科学严谨性，又要在操作层面切实可行，要从底层基础架构到上层应用对现有的业务系统进行迁移，从提高效率和降低成本的视角统一规划和设计，在系统中实现最大限度地集成、整合和信息共享，保证云平台在建设过程中，提前预留通用的接口和框架，防止新的业务需求到来时平台无法兼容和快速升级。

混合云指企业在建设数据中心时搭建了自己私有云的同时租用了公有云，并且把公有云和私有云通过互联网连接到一起进行统一规划、建设和管理运维。混合云是未来云计算建设的主要模式和发展趋势。私有云主要出于某些特定的企业用户对于敏感信息保护的考虑，他们更愿意将敏感数据保存在私有云的业务系统内，同时渴望通过公有云获取通用的价格低廉的计算资源。基于这些考虑，越来越多的企业开始使用混合云部署方案，它融合了私有云和公有云各自的方案优势，从而获得节约成本、安全可靠和弹性扩展的能力。

混合云是几种资源和模式的任意混合，这种混合可以是计算的、存储的，也可以两者兼有。在公有云尚不完全成熟，而私有云存在运维难、部署时间长、动态扩展难的现阶段，混合云是一种较为理想的平滑过渡方式。短时间内其市场占比将会大幅上升。在未来，即使不是企业自有的私有云和公有云做混合，也需要内部的数据与服务和外部的数据与服务进行不断的调用。一个大型客户把业务放在不同的公有云上，相当于把鸡蛋放在不同篮子里，不同篮子里的鸡蛋自然需要统一管理，这也算广义的混合。

私有云在数据隐私保护的安全性上比公有云更高，而公有云的庞大计算资源池所带来的低成本又是私有云无法比拟的。混合云解决方案的出现完美地解决了这个问题，用户可以通过私有云获得敏感数据安全性的同时，还可以将通用的业务系统部署在更高效便捷的公有云平台上。混合云解决了私有云对于硬件无限扩展的制约，跟公有云平台相结合可以满足企业未来发展对无尽的计算能力的需求。企业用户把存储非敏感信息的业务系统部署在公有云平台上，可以减少对私有云的建设投入和运维需求。所以，混合云可以最大限度地帮助企业实现降本增效。企业可以根据自身的实际情况将业务系统和数据分别放在最适合的平台上，获得最高的组合收益。

四、云计算的工作原理

云计算的基本原理是：通过网络将庞大的计算处理程序自动拆分成无数个较小的子程序，再交由多部服务器所组成的庞大系统经搜寻、计算、分析之后将处理结果回传给用户。通过这项技术，网络服务提供者可以在数秒之内处理数以千万计甚至亿计的信息，达到与"超级计算机"同样强大效能的网络服务。

在典型的云计算模式中，用户通过终端接入网络，向"云"提出需求；"云"接受请求后组织资源，通过网络为"端"提供服务。用户终端的功能可以大大简化，诸多复杂的计算与处理过程都将转移到终端背后的"云"上完成。

用户所需的应用程序并不需要运行在用户的个人电脑、手机等终端设备上，而是运行在因特网的大规模服务器集群；用户所处理的数据也无须存储在本地，而是保存在因特网上的数据中心。提供云计算服务的企业负责这些数据中心和服务器正常运转的管理和维护，并保证为用户提供足够强大的计算能力和足够大的存储空间。在任何时间和任何地点，用户只要能够连接至因特网，就可以访问云平台中的数据，实现随需随用。

五、云计算的特点

云计算具有以下特点。

（一）超大规模

"云"具有相当大的规模。目前，Google云计算已经拥有100多万台服务器，亚马逊、IBM、微软、Yahoo等公司的"云"均拥有几十万台服务器。企业私有云一般拥有数百上千台服务器。"云"能赋予用户前所未有的计算能力。

（二）虚拟化

云计算支持用户在任意位置、使用各种终端获取应用服务。所请求的资源来自"云"，而不是固定的有形的实体。应用在"云"中某处运行，但实际上用户无须了解应用运行的具体位置，只需要一台笔记本或者一个 Pad，就可以通过网络服务来获取各种超强能力的服务。

（三）高可靠性

"云"使用了数据多副本容错、计算节点同构可互换等措施来保障服务的高可靠性，使用云计算比使用本地计算机更加可靠。

（四）通用性

云计算不针对特定的应用，在"云"的支撑下可以构造出千变万化的应用，同一个"云"可以同时支撑不同的应用运行。

（五）高可扩展性

"云"的规模可以进行动态伸缩，满足应用和用户规模增长的需要。

（六）按需服务

"云"是一个庞大的资源池，用户按需购买，像自来水、电、煤气那样计费。

（七）价格低廉

由于"云"的特殊容错措施可以采用极其廉价的节点来构成云，"云"的自动化集中式管理使大量企业无须负担高昂的数据中心管理成本，"云"的公用性和通用性使资源的利用率大幅提升，只要花费几百美元、几天时间就能完成以前需要数万美元、数月时间才能完成的任务。

（八）潜在危险性

云计算服务除提供计算服务外，还必然提供存储服务。但是云计算服务当前垄断在私人机构（企业）手中，其仅仅能够提供商业信用。对于政府机构、商业机构（特别像银行这样持有敏感数据的商业机构）选择云计算服务应保持足够的警惕。

六、云计算的基本服务类型

云计算包括三个层次的服务：基础设施即服务（IaaS）、平台即服务（PaaS）和软件即服务（SaaS）。

（一）基础设施即服务 IaaS

云计算提供给用户的服务是对所有计算基础设施的利用，包括 CPU、内存、存储、网络和其他基本的计算资源，用户能够部署和运行任意软件，包括操作系统和应用程序。

用户不用管理或控制任何云计算基础设施，但能控制操作系统的选择、存储空间、部署的应用，也可以有限制地控制网络组件（如路由器、防火墙、负载均衡器等）。

在 IaaS 环境中，用户相当于在使用裸机和磁盘，既可以让它运行 Windows，也可以让它运行 Linux，几乎可以做任何想做的事情，但用户必须考虑如何才能让多台机器协同工作起来。

（二）平台即服务 PaaS

把用户需要的开发语言和工具（如 Java，Python，Net 等）、开发或收购的应用程序等，部署到供应商的云计算基础设施上，用户不需要管理或控制底层的云基础设施，包括网络、服务器、操作系统、存储等，不但能控制部署的应用程序，也可能控制运行应用程序的托管环境配置。

（三）软件即服务 SaaS

提供给用户的服务是运营商运行在云计算基础设施上的应用程序，用户可以在各种设备上通过客户端界面进行（如浏览器）访问。

SaaS 既不像 PaaS 一样提供计算或存储资源类型的服务，也不像 IaaS 一样提供运行用户自定义应用程序的环境，它只提供某些专门用途的服务供应商调用。

七、物联网与云计算

云计算是实现物联网的核心。运用云计算模式，使物联网中数以兆计的各类物品的实时动态管理、智能分析变为可能。

物联网通过将射频识别技术、传感器技术、纳米技术等新技术运用到各行各业中，将各种物体进行连接，并通过无线等网络将采集到的各种实时动态信息送达计算处理中心，进行汇总、分析和处理。物联网应用带来了海量大数据，这些数据具有实时感应、高度迸发、自主协同和涌现效应等特征，迫切需要云计算提供数据处理并提供应用服务。云计算能为连接到云上设备终端提供强大的运算处理能力，以降低终端本身的复杂性。二者都是为满足人们日益增长的需求而诞生的。

虽然云计算不是单纯为物联网的应用服务的，但随着物联网应用的大规模推广，大量的智能物体会连接到互联网上，给云计算带来更好的发展机遇。

（一）IaaS 模式在物联网中的应用

物联网发展到一定规模后，物理资源层与云计算结合是必然的。一部分物联网行业应用，如智能电网、地震台网监测等，其终端数量的规模化导致物联网应用对物理资源产生了大规模需求，一方面是接入终端的数据可能是海量的，另一方面是采集的数据可能是海量的。

无论是横向通用的支撑平台，还是纵向特定的物联网应用平台，都可以在 IaaS 技术虚拟化的基础上实现物理资源的共享，以及业务处理能力的动态扩展。

IaaS 技术在对主机、存储和网络资源的集成与抽象的基础上，具有可扩展性和统计复用的能力，允许用户按需使用。除网络资源外，其他资源均可通过虚拟化提供成熟的技术实现，为解决物联网应用的海量终端接入和数据处理提供了有效途径。同时，IaaS 对各类内部异构的物理资源环境提供了统一的服务界面，为资源定制、出让和高效利用提供了统一界面，有利于实现物联网应用的软系统与硬系统之间某种程度的松耦合关系。

目前国内建设的一些和物联网相关的云计算中心、云计算平台，主要是 IaaS 模式在物联网领域的应用。

（二）PaaS 模式在物联网中的应用

Gartner（高德纳信息咨询公司）把 PaaS 分成两类，APaaS 和 IPaaS。APaaS 主要为应用提供运行环境和数据存储，IPaaS 主要用于集成和构建复合应用。人们常说的 PaaS 平台大多是指 APaaS，如 Force.com 和 Google App Engine。

在物联网范围内，由于构建者本身价值取向和实现目标的不同，PaaS 模式的具体应用存在不同的应用模式和应用方向。

（三）SaaS 模式在物联网中的应用

SaaS 模式的存在由来已久，通过 SaaS 模式，可以实现物联网应用提供的服务被多个客户共享使用。这为各类行业应用和信息共享提供了有效途径，也为高效利用基础设施资源、实现高性价比的海量数据处理提供了可能。

随着物联网的发展，SaaS 应用在感知延伸层进行了拓展。它们依赖感知延伸层的各种信息采集设备来采集大量的数据，并以这些数据为基础进行关联分析和处理，向最终用户提供业务功能和服务。

例如，传感网服务提供商可以在不同地域放置传感节点，提供各个地域的气象环境等基础信息。其他提供综合服务的公司可以将这些信息聚合起来，开放给公众，为公众提供出行指南。同时，这些信息被送到政府的监控中心，一旦有突发的气象事件，政府的公共服务机构就可以迅速展开防范行动。

总之，从目前来看，物联网与云计算的结合是必然趋势，但是，物联网与云计算的结合也需要水到渠成。不管是 PaaS 模式还是 SaaS 模式，在物联网的应用中，都需要在特定的环境中才能发挥应有的作用。

第二节　物联网中间件技术

一、中间件技术

（一）什么是中间件

中间件是一类连接软件组件和应用的计算机软件，它包括一组服务，以便于运行在一台或多台机器上的多个软件通过网络进行交互。

中间件是基础软件的一大类，属于可复用软件的范畴。顾名思义，中间件处于操作系统软件与用户应用软件的中间。

中间件在操作系统、网络和数据库的上层，应用软件的下层，总的作用是为处于自己上层的应用软件提供运行与开发的环境，帮助用户灵活、高效地开发和集成复杂的应用软件。

在众多关于中间件的定义中，比较普遍被接受的是来自互联网数据中心（Internet Data Center，IDC）的表述：中间件是一种独立的系统软件或服务程序，分布式应用软件借助这种软件在不同的技术之间共享资源，中间件位于客户机服务器的操作系统之上，管理计算资源和网络通信。

IDC 对中间件的定义表明，中间件是一类软件，而非一种软件；中间件不仅仅实现互联，还要实现应用之间的相互操作；中间件是基于分布式处理的软件，最突出的特点是其网络通信功能。

我们可以把中间件理解为面向信息系统交互、集成过程中的通用部分的集合，屏蔽了底层的通信、交互、连接等复杂又通用化的功能，以产品的形式提供出来，系统在交互时，直接采用中间件进行连接和交互，避免了大量的代码开发和人工成本。

从理论上来讲，中间件所提供的功能通过代码编写都可以实现，只是开发的周期和需要考虑的问题太多，逐渐地人们把这些部分以中间件产品的形式进行了替代。如常见的消息中间件，即系统之间的通信与交互的专用通道，类似于邮局，系统只需要把传输的消息交给中间件，由中间件负责传递，并保证解决传输过程中的各类问题，如网络问题、协议问题、两端的开发接口问题等均由消息中间件屏蔽，出现网络故障时，消息中间件会负责缓存消息，以避免信息丢失。相当于你想往美国发一个邮包只需要把邮包交给邮局，填写地址和收件人，至于运送过程中的一系列问题都会由邮局进行解决。

（二）中间件的特点

中间件一般具有以下特点：①满足大量应用的需要；②运行于多种硬件和 OS 平台；③支持分布计算，提供跨网络、硬件和 OS 平台的透明性的应用或服务的交互；④支持标准的协议；⑤支持标准的接口。

由于标准接口对于可移植性、标准协议对于互操作性的重要性，中间件已成为许多标准化工作的主要部分。在应用软件开发中，中间件远比操作系统和网络服务更为重要。中间件提供的程序接口定义了一个相对稳定的高层应用环境，不管低层的计算机硬件和系统软件怎样更新换代，只要将中间件升级更新，并保持中间件对外的接口定义不变，应用软件就几乎不需要进行任何修改，从而减少了企业在应用软件开发和维护中的巨额投资成本。

（三）中间件的分类

为了解决分布式应用问题，研究者们提出来"中间件"的概念，同时，针对不同的应用需求涌现出多种各具特色的中间件产品。中间件包括的范围十分广泛，至今还没有一个统一的定义。从不同的角度或层次上看，中间件的分类也有所不同。根据中间件在应用系统中的作用和采用的技术不同，可以将其大致分为以下几种：

1. 数据库访问中间件

数据库访问中间件是在系统中建立数据资源互操作的模式，为在网络中虚拟缓存、格式转换等带来方便。它是目前应用最广、技术最成熟的一种中间件，最典型的例子就是 ODBC。

2. 远程过程调用中间件

远程过程调用中间件在 Client/Server 分布式计算方面相对于数据访问中间件迈进了一步，是一种广泛使用的分布式应用程序处理方法。事实上，一个远程过程调用应用分为 Client 和 Server 两部分，可以提供一个或多个远程过程服务，请求由 Client 发起，通过通信链路 Server 接收信息或者提供服务。

3. 面向消息的中间件

面向消息的中间件是指利用高效可靠的消息传递机制进行平台有关的数据交流，并基于数据通信来进行分布式系统的集成。面向消息中间件能够跨平台通信，实现可靠的、高效的、实时的数据传输，可以用来屏蔽不同平台及协议之间的差异性，实现各应用程序间的协同工作。面向消息的中间件最大的优点就是能够在客户端与服务器间提供同步或者异步的连接，同时在任何时候都可以将讯息进行传输或者储存转发。消息中间件适用于一些多进程的分布式环境，是一种重要的中间件，也是目前各大中间件厂商生产的最热门的产品。

4.面向对象的中间件

面向对象的中间件又被称作对象请求代理中间件,是对象技术和分布式计算技术相结合的产物,它提供了一种透明地在分布式计算环境中传递对象请求的通信框架,是当今软件技术的主流方向。其中功能最强大的是 CORBA 和 DCOM 两种标准。

5.事务处理监控中间件

事务处理监控中间件最早应用在大型机上,提供保证交易完整性、数据完整性等大规模事务处理的可靠运行环境。事务处理监控中间件为用户提供基于事务处理的 API,这些 API 可以提供进程管理、事务管理、通信管理等功能,中间件可向上提供不同形式的通信服务,包括同步、排队、订阅发布、广播等。它在平台上还可构筑各种框架,为应用程序提供不同领域内的服务,如事务处理监控器、分布数据访问、对象事务管理器(OTM)等。平台为上层应用屏蔽了异构平台的差异,而其上的框架又定义了相应领域内的应用的系统结构、标准的服务组件等,用户只需告诉框架所要关心的事件,然后提供处理这些事件的代码。当事件发生时,框架则会自行调用用户的代码。用户代码不用调用框架,用户程序也不必关心框架结构、执行流程、对系统级 API 的调用等,这些都由框架负责完成。基于中间件开发的应用具有良好的可扩充性、易管理性、高可用性和可移植性。

(四)中间件技术的发展趋势

中间件技术的发展方向将聚焦于消除"信息孤岛",推动无边界信息流,支撑开放、动态、多变的互联网环境中的复杂应用系统,实现对分布于互联网上的各种信息资源(计算资源、数据资源、服务资源、软件资源)的标准,快速、灵活、可信、高效能及低成本的集成、协同和综合利用,提高组织的 IT 基础设施的业务敏捷性,降低总体运维成本,促进 IT 与业务之间的匹配。

中间件技术正呈现出业务化、服务化、一体化、虚拟化等诸多新的重要发展趋势。

(五)中间件的应用需求

由于网络世界是开放的、可成长的和多变的,分布性、自治性、异构性已经成为信息系统的固有特征。实现信息系统的综合集成,已经成为国家信息化建设的普遍需求,并直接反映了国家整体信息化建设的水平。中间件通过网络互联、数据集成、应用整合、流程衔接、用户互动等形式,已经成为大型网络应用系统开发、集成、部署、运行与管理的关键支撑软件。

随着中间件在我国信息化建设中的广泛应用,中间件应用需求也表现出一些新的特点。

1. 可成长性

Internet 是无边界的，中间件必须支持建立在 Internet 上的网络应用系统的生长与代谢，维护相对稳定的应用需求。

2. 适应性

随着环境和应用需求的不断变化，应用系统需要不断演进。作为企业计算的基础设施，中间件需要感知、适应这种变化，还要提供对下列环境的支持：①支持移动、无线环境下的分布应用，适应多样性的设备特性以及不断变化的网络环境；②支持流媒体应用，适应不断变化的访问流量和带宽约束；③能适应未来还未确定的应用要求。

3. 可管理性

领域问题越来越复杂、IT 应用系统越来越庞大，其自身管理维护则变得越来越复杂，中间件必须具有自主管理能力，简化系统管理成本。具体要求：①面对新的应用目标和变化的环境，支持复杂应用系统的自主再配置；②支持复杂应用系统的自我诊断和恢复；③支持复杂应用系统的自主优化；④支持复杂应用系统的自主防护。

4. 高可用性

提供安全、可信任的信息服务：①支持大规模的迸发客户访问；②提供 99.99% 以上的系统可用性；③提供安全、可信任的信息服务。

二、物联网中间件

（一）物联网中间件的作用

在物联网中采用中间件技术，从实现多个系统和多种技术之间的资源共享，最终能够组成多个资源丰富、功能强大的服务系统。

物联网的中间件是中间件技术在物联网中的应用，涉及物联网的各个层面，一般处于物联网集成服务器、感知层和传输层的嵌入式设备中。

（二）使用物联网中间件的必要性

在物联网中使用中间件是十分必要的，具体表现在以下几方面。

1. 屏蔽异构性

物联网的各种传感器、RFID 标签、二维码、摄像头等不同的信息采集设备及网关拥有不同的硬件结构、驱动程序和操作系统等。

另外，这些设备采集的数据格式也不相同，需要对这些不同的数据格式进行统一转化，以便于应用系统的处理。

2. 实现互操作

在物联网应用中，一个采集设备采集的信息往往需要供多个应用系统使用。另外，不同的系统之间也需要数据互通与共享。

物联网本身涉及的技术种类繁多，为解决各种异构性，使不同应用系统的处理结果不依赖于各自的计算环境，使不同系统能够根据应用需要有效地相互集成，需要使用中间件来作为一种通用的交互平台。

3. 数据预处理

物联网感知层往往需要采集海量的信息，这些原始信息难免存在一定的错误率，如果直接将这些信息传输给应用系统，不仅会导致应用系统处理困难，而且还有可能得到错误结果，因此需要中间件对原始数据进行各种过滤、融合、纠错等处理，然后再传送给应用系统。

物联网中间件是快速构建大规模物联网应用的架构支撑与工具手段，有利于促进物联网应用的规范化和标准化，大幅降低物联网应用建设成本。例如，利用感知事件高效处理技术、海量数据挖掘与综合智能分析技术等核心技术的中间件，能够提高物联网应用的效益，发展物联网应用中间件有利于支持大规模的物联网应用，加快物联网应用的发展。

物联网中间件有很多种类，主要包括 RFID 中间件、嵌入式中间件、通用中间件和 M2M 物联网中间件等。下面主要介绍 RFID 中间件。

三、RFID 中间件技术

（一）RFID 中间件技术概念理解

RFID 中间件技术拓展了基础中间件的核心设施和特性，将企业级中间件技术延伸到 RFID 领域，是 RFID 产业链的关键共性技术。RFID 中间件屏蔽了 RFID 设备的多样性和复杂性，能够为后台业务系统提供强大的支撑，从而驱动更广泛、更丰富的 RFID 应用。RFID 中间件技术重点研究的内容包括数据过滤、数据访问、信息传递等。

RFID 中间件技术属于消息导向的软件中间件。通过 RFID 中间件技术进行的信息传递，信息主要是以消息的形式从一个程序模块被传递到另一个或多个程序模块中。这种消息的传送可以是不同步进行的，因此传送者也不需要等待回应。相较于原有的企业应用中间件而言，RFID 中间件技术继承发展了企业原有的应用中间件的优点，可以实现了自身功能的不断完善。

（二）RFID 中间件的作用

RFID 中间件位于 RFID 硬件设备与 RFID 应用系统之间，是一种可以实现数据传输、数据过滤、数据格式转换等功能的中间程序软件。

RFID 中间件将 RFID 读写器读取的各种数据信息，能够经过中间件提取、解密、过滤、格式转换后导入企业的管理信息系统，并通过应用系统反映在程序界面上，供操作者进行查询、浏览、选择、修改等操作。

（三）RFID 中间件的特征

一般来说，RFID 中间件具有以下特征。

1. 独立性

RFID 中间件作为应用系统中的一个技术组件，本身具有一定的独立性，这一中间件存在于 RFID 读写器和后台应用程序之间，和任何 RFID 系统之间都不存在依赖关系，还能实现与一个或者多个 RFID 读写器和后台应用程序之间的有效连接，可以简化系统架构，还可以让系统维护更加简便易行。

2. 数据流

数据流是 RFID 中间件技术中的最核心环节，数据流的主要工作任务就是通过转换，来实现实体对象格式向信息环境下虚拟对象的转变，实现数据的处理功能，RFID 中间件技术的数据处理功能是这一技术系统中最重要的功能之一。此外，RFID 中间件技术还能实现数据采集、过滤、整合和传递的功能，有利于系统将正确的数据信息等传递到后台应用系统中，实现数据信息的高效传输目标，提升数据传输的准确性和效率。

3. 处理流

处理流属于消息中间件，其作用是为了提供顺序的消息流，还能对数据流进行有效的设计和管理。在 RFID 中间件系统中，用户常常需要对相关数据的传输路径、路由以及相关规则进行有效维护，还要确保数据传输和使用过程的安全，确保数据不被篡改和删减，以保持接收的数据与原始数据的一致性，数据流就是实现这些数据传输效果的有效消息中间件。

4. 标准

RFID 主要应用于自动数据采样技术与辨识实体对象方面。EPCglobal 目前正在研究为各种产品的全球唯一识别号码提出通用标准，即 EPC（产品电子编码）。EPC 是在供应链系统中，以一串数字来识别一件特定的商品。EPC 通过无线射频辨识标签由 RFID 读写器读入后，传送到计算机或是应用系统中的过程被称为对象命名服务。对象命名服务系统会锁定计算机网络中的固定点获取有关商品的消息。EPC 存放在 RFID 标签中，被 RFID 读写器读出后，即可提供追踪 EPC 所代表的物品名称及相关信息，并可以立即识别及分享供应链中的物品数据，有效提高信息透明度。

（四）RFID 中间件的关键技术

1. 数据过滤

RFID 中间件的关键技术内容之一就是对于系统中多余的数据信息进行过滤，读写器中大量的数据信息传递到 RFID 中间件中，其中也包含了一些被读错的数据信息。所以，对这些数据信息进行过滤是十分有必要的，这是确保传递给上级 RFID 中间件的信息是有用的保障。这里多余的数据信息指的是短期内统一都写起对于同一组数据的重复上报数据，此外，还包括多台位置接近的读写器同时回报相同规定数据信息。在很多情况中，用户可能还需要对某些特定的数据信息进行提取，在提取这些特定的时间范围或者信息范围内的数据时，为了节省时间，还可以实现信息提取的高效快速，需要尽可能缩小数据范围，对于关联度不大的信息进行删除，这里都需要用到数据过滤技术。

这种过滤技术主要是通过特定的过滤器来实现的，一般涉及的过滤器品种为产品过滤器、时间过滤器、平滑过滤器以及 EPC 过滤器，不同的过滤器发挥不同的数据信息过滤功能，还能将不同的过滤器进行拼装，以达到数据过滤的更佳功效。

2. 数据聚合

读写器传达给 RFID 中间件的原始数据形式都是单一的、零散的，数据的使用价值和现实意义模糊，需要对这些数据信息进行聚合，这里需要用到复杂事件处理（CEP）技术，这一技术通过在复杂的数据信息中进行整理归纳，能够整合出具有价值的数据信息，将简单事件变得可供分析研究，从而推断出复杂事件，再从复杂事件中提取可用信息。

3. 信息传递

在对相关数据进行处理后，RFID 中间件将获得的有价值的数据信息传递给相应的应用程序，实现数据信息的资源利用，如将数据传送给企业应用程序，EPC 服务信息系统或者其他相关的 RFID 中间件，通过采取消息服务对数据信息进行传递。

但是事实上，RFID 中间件是一种面向消息的中间件，相关数据信息在程序间得以传递和共享，异步传输的方式不需要传输者花费精力关注传输情况，也不需要等待回应。这种信息传递的中间件功能远不止于此，它还可以进行数据广播、数据安全、数据恢复等除错操作，还可以实现读写器和企业应用程序的有效连接。

（五）RFID 中间件技术的具体应用领域

1. 在车辆管理中的应用

RFID 技术的出现，能够为车辆管理提供一种新的技术路径。RFID 技术是一种基于射频原理实现的非接触式自动识别技术，该技术通过无线射频信号的空间耦合传输特性来实现对象的自动识别。RFID 系统一般由标签、阅读器、天线和中间件组成。同传统条形码技术相比，RFID 中间件技术在识别速度、识别距离、存储容量、读写能力和环境适应性等方面具有明显优势。因此，RFID 被逐步应用于社会、经济和国防等众多领域。

现阶段，RFID 中间件技术在汽车制造行业中的应用比较广泛，在国内外很多汽车企业都在积极探索 RFID 中间件技术在汽车制造中的有效应用途径和范围。在学习了国外相关的应用经验后，国内的汽车企业也开始研究 RFID 中间件技术在汽车行业的运用途径和范围，并在国有企业中推出了基于 RFID 中间件技术的技术研发和应用项目。

在汽车行业中，RFID 中间件技术的应用主要是通过数据处理功能实现对汽车作业时间的统计及分析，以及对汽车生产制造的信息化管理效益。

利用 RFID 中间件中的标签技术，在车辆中安装智能电子标签，就能对车辆实现实时的定位和可视化管理，针对汽车的整车制造、库存以及营销等工作流程和信息实现有效管理。智能电子标签就是车辆的信息代号，借助这个智能标签，可以对汽车的整体和局部信息进行查看、读取，还能够进一步提升车辆的可视化管理效率，实现精准有效的车辆信息管理目标，这一点对于车辆的销售、物流、产品售后管理等都具有重要意义。

借助 RFID 中间件技术，汽车企业可以进一步提升管理的效率，来提升客户满意度。如某品牌汽车在嵌入 RFID 中间件技术后，一旦出现故障车辆进入店内，工作人员就能借助阅读器读取车辆的所有信息，包括维修历史、追溯质量问题，及时排查，快速修理。

2. 在图书管理系统中的应用

目前，智慧图书馆建设脚步不断加快，越来越多的地区图书馆、高校图书馆开始积极建设智慧图书馆，而 RFID 中间件技术在地区智慧图书馆建设中发挥了较大的效用，为智慧图书馆建设提供了有效的技术支持。如盛世龙图公司将 RFID 系统和常规防盗系统（EAS）相结合，研发出了独家双系统 EMID 设备，BESTIOT-EU 系列设备可做到精准分通道报警效果，植入彩光及人次统计系统。弥补了 UHFRFID 设备受金属液体等物品干扰强的缺点，将设备检测灵敏度提高到 99.99%。使设备具备超高信号识别率的同时，还可以实现超强防损检测的报警功能。

盛世龙图 UHFRFID 通道检测设备 BESTIOT-RFID-UT 系列，可实现超高频三维感应探测，添加了精准人流计数系统，标签识别率大于 120 个每秒，报警响应速度缩短至 2S 以内，通道距离从 90 厘米拓宽至 1—2 米甚至更远。该设备的工作模式支持离线、在线两种。2016 年，盛世龙图成功将 UHF RFID 设备推向市场，先后分别应用于北京某涉密单位涉密文件及资产保护场所，该单位于 2016 年 11 月正式扇动设备，运行至今反应良好，受到了客户一致好评。目前，盛世龙图已为多家 RFID 设备供应商提供 OEM 定制服务，

3. 在物流跟踪中的应用

目前，RFID 中间件技术在物流领域的应用也比较普遍。RFID 中间件技术能够有效实现物流信息的有效管理，能够大大提升物流管理效率，为物流的动态化、可视化管理带来强大的技术支持。例如，过去一年，不管是在技术层面，还是购物体验、产品线等

方面，海澜之家都进行了全方位升级。在周立宸的率领下，"盛产"男装的海澜之家还将目光投向了童装、快时尚和家居等板块。这一做法的效果也极为显著，成功为原有保守的品牌注入新的活力，让不少年轻消费群体开始关注海澜之家。当时海澜之家出现了仓储压力过高、效率偏低的问题，周立宸立即提出了一个方案——为海澜之家的服装植入 RFID 芯片，通过软件的投入，有效提升了仓储物流效率。

RFID 中间件技术以其独有的技术优势实现了在众多领域的有效应用，目前，RFID 中间件技术随着物联网技术的进一步改进还在不断优化中，相信未来随着科技的进步，RFID 中间件技术还会应用到更多的领域中，发挥更大的技术价值。

（六）RFID 中间件应用实例——RFID 数据采集中间件

1. 基础知识

标准的 RIFD 系统，基本是由三部分组成：RFID 电子标签、读标终端以及应用支撑软件。其中，实时数据接收、指令交互是应用支撑软件的重要组成部分，大量的读卡终端设备通信及迸发刷卡操作，对实时数据采集模块如何保证软件运行速度、迸发数据处理能力提出了较高要求。

2. 产品需求背景

对于生产企业内部开发团队及 ERP、MES、SCM 等企业管理软件开发公司而言，组织开发实时数据传输模块可能是一件十分容易的事情。但由于受软件开发工程师自身开发能力、软件运行逻辑设计及对硬件性能参数的了解等而存在的巨大差异。大部分 RFID 项目在软件开发期间或开发完成后还需要指派软件工程师常驻客户现场，花费 1 个月甚至更长的时间来优化运行速度。为解决这个问题，某公司设计开发某 RFID 中间件软件产品，它是衔接硬件设备（如 RFID 电子标签、读卡器）和企业应用软件间进行数据、指令交互的软件，可以帮助企业用户将采集的 RFID 数据应用到业务处理中，使 RFID 部署变得简单、快捷。

3.RFID 数据采集中间件工作原理

RFID 中间件软件 Windows 操作系统平台，主要用于实时监控、交互所管理工作组的全部工位机上的数据及处理指令。当 RFID 读卡终端（或称工位机）刷卡、按键操作时，软件采集到这些事件数据，可以通过调用由客户自行编写的、指定名字的存储过程，自动判断相关逻辑，把数据推送至用户上层应用软件数据库内；同时还能利用存储过程的返回值，返回给工位机屏幕显示内容、发声次数、键盘是否锁定等内容，实现 RFID 中间件软件与用户软件的接口，以达到人机交互目的。

（七）RFID 技术应用发展趋势

随着 RFID 系统应用的普及，降低成本的同时，其性能也有了很大的提升。从目前实际应用情况来看，RFID 系统具有以下发展趋势。

1. 系统高频化

由于高频系统具有比低频系统更远的识别距离、更高的安全性、更好的重复利用性、更小的体积等优点，也就决定了其应用将会越来越广泛。

2. 系统复合化和网络化

为了获取更丰富、更有价值的信息，RFID 技术将结合其他高新技术，如 GPS、环境识别等技术，向着多功能识别的方向发展；同时为了实现数据的共享，跨地区、跨行业应用，RFID 技术不可避免地要走向网络化。

3. 系统兼容性更强

目前 RFID 的标准化比较落后，各厂商生产的产品之间互不兼容，这就要求应用系统要具有很强的兼容性，能同时处理多个厂家的产品。

4. 数据海量化

为了获取更准确更及时的信息，阅读器对海量的信息进行处理，这就要求系统必须具有高效的数据处理能力。

随着经济的发展，RFID 技术的发展潜力将是巨大的，它必将迎来广阔的市场前景。

第三节　物联网智能信息处理技术

智能信息处理最早起源于 20 世纪 30 年代，但是由于智能信息处理系统运作过程需要大量的计算，而当时又没有快速的计算工具，因此极大地束缚了智能信息处理技术在初期的发展。20 世纪 40 年代后期计算机的问世，给智能信息处理技术的发展创造了良好的条件，一些具备智能信息处理功能的高科技产品相继被推出，并产生了巨大的社会及经济效益。

一、物联网智能信息处理技术的基本概念

（一）智能信息处理技术

智能信息处理技术就是自动地对信息进行处理，从信息采集、传输、处理到最后提交都自动完成。它涉及了计算机技术、人工智能、电子技术、嵌入式技术等多个方面，具有智能、准确、高效实时的特点，目前已被广泛应用于物流、工业控制等多个领域。

（二）物联网智能信息处理技术

物联网应用的最终目标是为了实现对物理世界的智能化控制，因此，物联网应用的智能化是其核心和本质的要求。

物联网智能信息处理技术指物联网应用过程中信息的储存、检索、智能化分析利用，如利用人工智能、专家系统对感知的信息做出决策和处理等。

（三）物联网数据的特点

物联网的智能信息处理主要针对感知的数据，而物联网的数据具有以下特点。

1.异构性

在物联网中，不仅不同的感知对象有不同类型的表征数据，即使是同一个感知对象也会产生各种不同格式的表征数据。如在物联网中为了实现对一栋写字楼的智能感知，也需要处理各种不同类型的数据，这些数据包括探测器传来的各种高维观测数据，专业管理机构提供的关系数据库中的关系记录，互联网上提供的相关超文本标记语言（HTML）、可扩展标记语言（XML）、文本数据等。为了实现完整准确地感知，必须要综合利用这些不同类型的数据获得全面准确的信息，这也是提供有效信息服务的基础。

2.海量性

物联网是网络和数据的集合。在物联网中，海量对象连接在一起，所有对象每时每刻都在变化，表达特征的数据也会不断积累。如何有效地改进已有的技术和方法，或者提出新的技术和方法，从而高效地管理和处理这些海量数据，将是从这些原始数据中提取信息并进一步融合、推理和决策的关键。

3.不确定性

物联网中的数据具有明显的不确定性特征，主要包括数据本身的不确定性、语义匹配的不确定性和查询分析的不确定性等。为了获得客观对象的准确信息，需要去粗取精、去伪存真，以便更全面地进行表达和推理。

二、数据库与数据存储技术

在物联网应用中数据库起着记忆（数据存储）和分析（数据挖掘）的作用，因此没有数据库的物联网是不完整的。常用的数据库技术一般分为关系型数据库和非关系型数据库。

（一）关系型数据库

1.关系型数据库的概念

关系型数据库是指采用关系模型来组织数据的数据库。简单来说，关系模型指的就是二维表格模型，而一个关系型数据库就是由二维表及其之间的联系组成的一个数据组织。

关系型数据库可以简单地理解为二维数据库，表的格式有行有列。常用的关系型数据库有 Oracie、SQLServer、Informix、MySQL、Sybase 等，我们平时看到的数据库都是关系型数据库。

目前，关系型数据库广泛应用于各个行业，是构建管理信息系统，也是存储及处理关系数据不可缺少的基础软件。

2.关系型数据库的特点

关系型数据库具有以下特点。

（1）容易理解

二维表结构是非常贴近逻辑世界的一个概念，关系模型相对网状、层次等其他模型来说更容易理解。

（2）使用方便

通用的 SQL 语言使得操作关系型数据库非常方便，程序员和数据管理员更容易在逻辑层面操作数据库，而不必在理解底层实现上浪费精力。

（3）易于维护

丰富的完整性（实体完整性、参照完整性和用户定义的完整性）大大降低了数据冗余和数据不一致的概率。

（二）实时数据库

物联网完成数据采集后必须建立一个可靠的数据仓库，而实时数据库可以作为支撑海量数据的数据平台。

实时数据库是数据库系统发展的一个分支，是数据库技术结合实时处理技术产生的，主要适用于处理不断更新的快速变化的数据及具有时间限制的事务。

1.实时数据库的作用

实时数据库系统是开发实时控制系统、数据采集系统、CIMS 系统等的支撑软件。

在流程行业中，可以大量使用实时数据库系统进行控制系统监控，系统先进控制和优化控制，并为企业的生产管理和调度、数据分析、决策支持及远程在线浏览提供实时数据服务和多种数据管理功能。

实时数据库已经成为企业信息化的基础数据平台，可直接实时采集、获取企业运行过程中的各种数据，并将其转化为对各类业务有效的公共信息，满足企业生产管理、企业过程监控、企业经营管理之间对实时信息完整性、一致性、安全共享的需求，为企业自动化系统与管理信息系统间建立起信息沟通的桥梁，能够帮助企业的各专业管理部门利用这些关键的实时信息，提高生产销售的运营效率。

目前，实时数据库已广泛应用于电力、石油石化、交通、冶金、军工、环保等行业，是构建工业生产调度监控系统、指挥系统、生产实时历史数据中心不可缺少的基础软件。

2.实时数据库的重要特性

实时数据库最初是基于先进控制和优化控制而出现的，对数据的实时性要求比较高，因而实时、高效、稳定是实时数据库最关键的指标。

实时数据库的一个重要特性就是实时性，它包括数据实时性和事务实时性。

（1）数据实时性

数据实时性是现场 IO 数据的更新周期。作为实时数据库，不能不考虑数据实时性。一般数据的实时性主要是受现场设备的制约，特别是对于一些比较老的系统而言，这种情况会更加突出。

（2）事务实时性

事务实时性是指数据库对其事务处理的速度。它一般分为事件触发方式和定时触发方式。

第一，事件触发方式是该事件一旦发生可以立刻获得调度，这类事件可以得到立即处理，但是比较消耗系统资源。

第二，定时触发方式是在一定时间范围内获得调度权。

作为一个完整的实时数据库，从系统的稳定性和实时性而言，必须要同时提供两种调度方式。

（三）关系型数据库和实时数据库的选择

关系型数据库和实时数据库在一定程度上具有相似的性能和相同之处。作为两种主流的数据库，实时数据库比关系型数据库更能胜任海量迸发数据的采集、存储工作。面对越来越多的数据，关系型数据库的处理响应速度会出现延迟甚至还会"假死"，而实时数据库则不会出现这样的情况。

对于仓储管理、标签管理、身份管理等数据量相对比较小，实时性要求低的应用领域，选用关系型数据库比较合适。而对于智能电网、水域监测、智能交通、智能医疗等面临海量信息迸发、对实时性要求极高的应用领域，实时数据库才具有更大的优势。

另外，在项目处于试点工程阶段时，需要采集点较少，对数据也没有存储年限的要求，此时关系型数据库可以替代实时数据库。但随着试点项目工程的不断推广，其应用范围越来越广泛，采集点就会相应增多，实时数据库就是最好的选择。

（四）NoSQL 数据库

随着物联网、云计算等技术的发展，大数据广泛存在，同时也会呈现出了许多云环境下的新型应用，如社交网络、移动服务、协作编辑等。这些新型应用对海量数据管理（云数据管理系统）提出了新的需求，如事务的支持、系统的弹性等。

NoSQL 数据库能够满足物联网应用的大数据需求，并随着物联网应用的发展不断开发新的应用，还可以拓展更大的发展空间。

1.NoSQL 数据库的产生

NoSQL（Not Only SQL）意思是"不仅仅是 SQL"，它泛指非关系型的数据库。

随着互联网 Web2.0 网站的兴起，传统的关系数据库在应付 Web2.0 网站时已显得力不从心，暴露了很多难以克服的问题。而非关系型的数据库依靠其本身的优势得到迅速发展。

NoSQL 数据库的产生解决了大规模数据集合多重数据种类带来的挑战，尤其是解决了大数据应用难题。NoSQL 数据库的主要功能如下：

（1）满足对数据库高进发读写的需求；

（2）满足对海量数据的高效率存储和访问的需求；

（3）满足对数据库的高可扩展性和高可用性的需求。

2.NoSQL 数据库的四大分类

NoSQL 不使用 SQL 作为查询语言，而是使用如 Key-Value 存储、列存储、文档型、图形等存储数据模型。

常用的 No SQL 数据库包括以下 4 类。

（1）键值（Key-Value）存储数据库

这一类数据库主要使用一个哈希表，这个表中有一个特定的键和一个指针指向特定的数据。key/value 模型对丁 IT 系统来说，其优势在于简单、易部署。但是如果 DBA 只对部分值进行查询或更新的时候，key/value 的效率会变得低下。

（2）列存储数据库

列存储数据库通常用来应对分布式存储的海量数据。键仍然存在，但是它们的特点是指向了多个列。这些列是由列家族来安排的。

（3）文档型数据库

文档型数据库与第一种键值存储类似。该类型的数据模型是版本化的文档，半结构化的文档以特定的格式存储。文档型数据库可以看作键值数据库的升级版，允许之间嵌套键值，而文档型数据库比键值数据库的查询效率更高。

（4）图形数据库

图形结构的数据库同其他行列以及刚性结构的 SQL 数据库不同，它使用灵活的图形模型，并且能够扩展到多个服务器上。NoSQL 数据库没有标准的查询语言（SQL），因此需要进行数据库查询需要制定数据模型。

3.NoSQL 数据库的特征

NoSQL 并没有一个明确的范围和定义，但普遍存在以下特征。

（1）不需要预定义模式

NoSQL 不需要预先定义数据模式、义表结构，数据中的每条记录都可能有不同的属性和格式。当插入数据时，并不需要预先定义它们的模式。

（2）无共享架构

相对于将所有数据存储的存储区域网络中的全共享架构，NoSQL 往往将数据划分后分别存储在各个本地服务器上。因为从本地磁盘读取数据的性能往往好于通过网络传输读取数据的性能，从而也提高了系统的性能。

（3）弹性可扩展

弹性可扩展是指 NoSQL 可以在系统运行的时候，动态增加或者删除节点。不需要停机维护，数据可以自动迁移。

（4）分区

相对于将数据存放于同一个节点，No SQL 数据库需要将数据进行分区，将记录分散在多个节点上，并且分区的同时做复制。这样既提高了并行性能，又能保证没有单点失效。

4.NoSQL 数据库适用场合

NoSQL 数据库适用于以下情况。

（1）数据模型比较简单；

（2）需要灵活性更强的 IT 系统；

（3）对数据库性能要求较高；

（4）不需要高度的数据一致性；

（5）对于给定 key，比较容易映射复杂值的环境。

三、数据挖掘技术

（一）数据挖掘的基本概念

数据挖掘是指从大量数据中抽取挖掘出未知的、有价值的模式或规律等知识的过程。

1.数据挖掘的特征

数据挖掘是在没有明确假设的前提下去挖掘信息、发现知识。数据挖掘所得到的信息应具有先前未知、有效和可实用三个特征。

（1）先前未知的信息是指该信息是预先未曾预料到的。

（2）数据挖掘是要发现那些不能靠自觉发现的信息或知识，甚至是违背直觉的信息或知识。

（3）挖掘出的信息越是出乎意料，可能越有价值。

2. 数据挖掘过程

数据挖掘的过程是一个反复迭代的人机交互和处理过程，主要包括以下三个阶段。

（1）数据预处理阶段

第一，数据准备。了解领域特点，来确定用户需求。

第二，数据选取。从原始数据库中选取相关数据或样本。

第三，数据预处理。检查数据的完整性及一致性，消除噪声等。

第四，数据变换。通过投影或利用其他操作以减少数据量。

（2）数据挖掘阶段

第一，确定挖掘目标。确定要发现的知识类型。

第二，选择算法。根据确定的目标选择合适的数据挖掘算法。

第三，数据挖掘。运用所选算法，能够提取相关知识并以一定的方式表示。

（3）知识评估与表示阶段

第一，模式评估。对在数据挖掘步骤中发现的模式（知识）进行评估。

第二，知识表示。使用可视化和知识表示相关技术，呈现所挖掘的知识。

（二）数据挖掘的主要分析方法

数据挖掘的分析方法主要包括以下几种。

1. 分类

从数据中选出已经分好类的训练集，在该训练集上运用数据挖掘分类的技术，建立分类模型，对于没有分类的数据进行分类。例如：

（1）风险等级。信用卡申请者的分类为低、中、高风险。

（2）故障诊断。中国宝钢集团与上海天律信息技术有限公司合作，采用数据挖掘技术对钢材生产的全流程进行质量监控和分析，构建故障地图，实时分析产品出现瑕疵的原因，有效提高产品的优良率。

注意：类的个数是确定的，预先定义好的。

2. 估计

估计与分类类似，不同之处在于分类描述的是离散型变量的输出，而估计是处理连续值的输出；分类数据挖掘的类别是确定数目的，估计的量是不确定的。例如：

（1）根据购买模式，估计一个家庭的孩子个数。

（2）根据购买模式，估计一个家庭的收入。

（3）估计不动产的价值。

一般来说，估值可以作为分类的前一步工作。给定一些输入数据，通过估值，得到未知的连续变量的值，然后再根据预先设定的阈值进行分类。例如，银行对家庭贷款业务，运用估值，给各个客户记分，然后根据阈值，将贷款级别分类。

3. 预测

通常，预测是通过分类或估值起作用的，也就是说，通过分类或估值得出模型，该模型用于对未知变量的预言。从这种意义上说，预言其实没有必要分为一个单独的类。预言其目的是对未来未知变量的预测，这种预测是需要时间来验证的，即必须经过一定时间后，才能够知道预言准确性是多少。

4. 相关性分组或关联规则

决定哪些事情将一起发生。两个或两个以上变量的取值之间存在某种规律性，将其称为关联。

数据关联是数据库中存在的一类重要的、可被发现的知识。关联分析的目的是为了找出数据库中隐藏的关联网一般用支持度和可信度两个阈值来度量关联规则的相关性，还可以引入兴趣度、相关性等参数，使得挖掘的规则更符合需求。

例如：

（1）超市中客户在购买 A 的同时，经常会购买 B，即 A→B（关联规则）。

（2）客户在购买 A 后，隔一段时间，会购买 B（序列分析）。

5. 聚类

聚类是对记录分组，把相似的记录分在一个聚集里。聚类和分类的区别是聚集不依赖于预先定义好的类，不需要训练集。例如：

（1）一些特定症状的聚集可能预示了某种特定的疾病。

（2）租 VCD 类型不相似的客户聚集，可能暗示成员属于不同的亚文化群。聚集通常作为数据挖掘的第一步。如"哪一种类的促销客户响应最好？"，对于这一类问题，首先对整个客户做聚集，将客户分组在各自的聚集里，然后每个不同的聚集分别回答问题，可能效果更好。

6. 时序模式

通过时间序列搜索出的重复发生概率较高的模式。与回归一样，它也是用已知的数据预测未来的值，但区别是这些数据的变量所处的时间不同。

7. 偏差分析

在偏差中包括很多有用的知识，数据库中的数据存在很多异常情况，发现数据库中数据存在的异常情况是非常重要的。偏差检验的基本方法就是寻找观察结果与参照之间的差别。

8. 描述和可视化

描述和可视化是对数据挖掘结果的表示方式。一般只是指数据可视化工具，也包含报表工具和商业智能分析产品（BI）的统称。如通过一些工具进行数据的展现、分析、抽取，将数据挖掘的分析结果更形象、深刻地展现出来。

（三）数据挖掘的应用实例

1. 数据挖掘技术在金融行业中的应用实例

目前，关联规则挖掘技术已经被广泛应用在金融行业的企业中，它可以成功预测银行客户的需求。一旦获得了这些信息，银行就可以改善自身营销。

现在各大银行都在开发新的沟通客户的方法。各大银行在自己的 ATM 机上捆绑了顾客可能感兴趣的本行产品信息，供使用本行 ATM 机的用户进一步了解。如果数据库中显示，某个高信用限额的客户更换了地址，这个客户很有可能新近购买了一栋更大的住宅，因此会有可能需要更高信用限额、更高端的新信用卡，或者需要住房改善贷款，这些产品都可以通过信用卡账单的方式邮寄给客户。

当客户打电话咨询的时候，数据库可以有力地帮助电话销售代表。销售代表的电脑屏幕上可以显示出客户的特点，同时还可以可以显示出顾客会对哪种类型的产品感兴趣。

同时，一些知名的电子商务站点也从强大的关联规则挖掘中获益。这些电子购物网站使用关联规则进行挖掘，然后设置用户有意要一起购买的捆绑包；也有一些购物网站使用它们设置相应的交叉销售，也就是购买某种商品的顾客会看到相关的另外一种商品的广告。

2. 数据挖掘技术在电信业中的应用实例

但是近年来，电信业从单纯的语音服务演变为提供多种服务的综合信息服务商，随着网络技术和电信业务的发展，电信市场竞争日趋激烈，电信业务的发展提出了对数据挖掘技术的迫切需求，以便帮助理解商业行为，识别电信模式，捕捉盗用行为，更好地利用资源，提高服务质量并增强自身的竞争力。

（1）可以使用聚类算法，针对运营商积累的大量用户消费数据建立客户分群模型，通过客户分群模型对客户进行细分，找出有相同特征的目标客户群，然后有针对性地进行营销。聚类算法也可以实现离群点检测，即在对用户消费数据进行聚类的过程中，发现一些用户的异常消费行为，据此判断这些用户是否存在欺诈行为，来决定是否应该采取防范措施。

（2）可以使用分类算法，针对用户的行为数据，对用户进行信用等级评定，对于信用等级高的客户可以给予某些优惠服务等，对于信用等级低的用户不能享受促销等优惠。

（3）可以使用预测相关的算法，对电信客户的网络使用和客户投诉数据进行建模，建立预测模型，可以预测大客户离网风险，采取激励和挽留措施防止客户流失。

（4）可以使用相关分析找出选择多个套餐的客户在套餐组合选择中的潜在规律，哪些套餐容易被客户同时选取。如选择了流量套餐的客户中大部分会选择彩铃业务，基于相关性的法则，可以对选择流量但是没有选择彩铃的客户进行交叉营销，也可以向其推销彩铃业务。

（四）物联网的数据挖掘

数据挖掘是决策支持和过程控制的重要技术手段，是物联网的重要内容之一。

由于物联网具有明显的行业应用特征，需要对各行各业的不同数据格式的海量数据进行整合、管理、存储，并在整个物联网中提供数据挖掘服务，从而来实现预测、决策，进而反向控制这些传感网络，达到控制物联网中客观事物运动和发展进程的目的。

在物联网中进行数据挖掘已经从传统意义上的数据统计分析、潜在模式发现与挖掘，转向成为物联网中不可缺少的工具和环节。

1. 物联网的计算模式

物联网一般有两种基本计算模式，即物计算模式和云计算模式。

（1）物计算模式

基于嵌入式系统，强调实时控制，对终端设备的性能要求较高，系统的智能主要表现在终端设备上。这种智能建立在对智能信息结果的利用上，而不是建立在废弃的终端计算基础上，对集中处理能力和系统带宽要求较低。

（2）云计算模式

以互联网为基础，目的是为了实现资源共享和资源整合，其计算资源是动态、可伸缩、虚拟化的。云计算模式通过分布式的架构采集物联网中的数据，系统的智能主要体现在数据挖掘和处理上，需要较强的集中计算能力和高带宽，但终端设备比较简单。

2. 两种模式的选择

物联网数据挖掘的结果主要用于决策控制，挖掘出的模式、规则、特征指标用于预测、决策和控制。在不同的情况下，可以选用不同的计算模式。

例如，在物联网要求实时高效的数据挖掘中，物联网任何一个控制端均需要对瞬息万变的环境实时分析、反应和处理，需要计算模式和利用数据挖掘结果。

另外，物联网的应用以海量数据挖掘为特征。物联网需要进行数据质量控制，多源、多模态、多媒体、多格式数据的存储与管理是控制数据质量、获得真实结果的重要保证。除此之外，物联网还需要分布式整体数据挖掘，因为物联网计算设备和数据天然分布，不得不采用分布式并行数据挖掘。在这些情况下，基于云计算的方式比较合适，能保证分布式并行数据挖掘和高效实时挖掘，保证挖掘技术的共享，降低数据挖掘应用门槛，普惠各个行业，并且企业租用云服务就可以进行数据挖掘，不用独立开发软件，不需要单独部署云计算平台。

3. 数据挖掘算法的选择

一般而言，数据挖掘算法可以分为分布式数据挖掘算法和并行数据挖掘算法等。

（1）分布式数据挖掘算法适合数据垂直划分的算法，重视数据挖掘多任务调度算法。

（2）并行数据挖掘算法适合数据水平划分、基于任务内并行的挖掘算法。

云计算技术如同物联网应用的基石，能够保证分布式并行数据挖掘，高效实时挖掘。云服务模式是数据挖掘的普适模式，可以保证挖掘技术的共享，以降低数据挖掘的应用门槛，一定满足海量挖掘的要求。

4. 物联网数据挖掘的应用类型

物联网数据挖掘分析应用通常可以归纳为预测和寻证分析两大类。

（1）预测

预测主要用在（完全或部分）了解现状的情况下，推测系统在近期或者中远期的状态。

（2）寻证分析

寻证分析是指当系统出现问题或者达不到预期效果时，分析它在运行过程中哪个环节出现了问题。

四、数据融合技术

随着计算机技术、通信技术的快速发展，作为数据处理的新兴技术——数据融合技术，在近十多年中得到惊人发展，已进入军事等诸多应用领域。

（一）数据融合技术的基本概念

数据融合技术是指利用计算机对按时序获得的若干观测信息，在一定准则下，加以自动分析、综合，以完成所需的决策和评估任务而进行的信息处理技术。

数据融合技术，包括对各种信息源给出的有用信息的采集、传输、综合、过滤、相关及合成，以便辅助人们进行态势/环境判定、规划、探测、验证、诊断等。

例如，在军事战场上要及时准确地获取各种有用的信息，对战场情况和威胁及其重要程度进行适时完整的评价，实施战术、战略辅助决策与对作战部队的指挥控制，是极其重要的。

（二）数据融合技术在物联网中的应用

数据融合与多传感器系统密切相关，物联网的许多应用都用到多个传感器或多类传感器构成协同网络。在这种系统中，对于任何单个传感器而言，获得的数据往往存在不完整、不连续和不精确等问题。而利用多个传感器获得的信息进行数据融合，对感知数据按照一定规则加以分析、综合、过滤、合并、组合等处理，就可以得到应用系统更加需要的数据。数据融合的基本目标是通过融合方法对来自不同感知节点、不同模式、不同媒质、不同时间和地点以及不同形式的数据进行融合后，得到对感知对象更加精确、精练的一致性解释和描述。

另外，数据融合需要结合具体的物联网应用寻找合适的方式来实现，除了上述目标，还能节省部署节点的能量，以提高数据收集效率等。目前，数据融合已经广泛应用于工业控制、机器人、空中交通管制、海洋监视和管理等多传感器系统的物联网应用领域中。

1. 在军事上的应用实例

数据融合技术为先进的作战管理提供了重要的数据处理技术基础。

数据融合在多信息源、多平台和多用户系统内起着重要的处理和协调作用，保证了数据处理系统各单元与汇集中心间的连通性与及时通信，使许多原来由军事操作人员和情报分析人员完成的工作均由数据处理系统快速、准确、有效地自动完成。

例如，现代作战强调纵深攻击和遮断能力，要求各军事设备能更准确地描述目标位置、运动及其企图的信息，这已超过了现有常规传感器的性能水平。未来的战斗车辆、舰艇和长机将对射频和红外传感器呈很低的信号特征。为了维持其低可观测性，它们将依靠无源传感器从远距离信息源接收信息。那么，对这些信息数据的融合处理就至关重要了。

数据融合技术还是作战期间对付敌人使用隐身技术（如消声技术、低雷达截面、低红外信号特征）及帮助进行大面积目标监视的重要手段。数据融合技术将帮助战区指挥员和较低层次的指挥员从空间和水下进行大范围监视，预报环境条件，管理电子对抗和电子反对抗设备等分散资源。同样能协助先进的战术机、直升机的驾驶员进行超低空导航。

2. 在自动化制造中的应用实例

高速、低成本及高可靠性的数据融合技术不仅在军事领域得到越来越广泛的应用，而且在自动化制造领域、商业部门，乃至家庭中都有极其广阔的应用前景。例如，自动化制造过程中的实时过程控制、传感器控制元件、工作站以及机器人和操作装置控制等均离不开数据融合技术的应用。

数据融合技术为需要可靠地控制本部门敏感信息和贸易秘密的部门提供了实现新的保密系统的控制擅自进入的可能性。

对来自无源电子支援测量、红外、声学、运动探测器、火与水探测等各种信息源的数据进行融合，可以用于商店和家庭的防盗防火等。

军事应用领域开发的一些复杂的数据融合应用同样可以应用于民用部门的城市规划、资源管理、污染监测和分析以及气候、作物和地质分析，以保证在不同机关和部门之间实现有效的信息共享。

（三）数据融合的种类

数据融合一般有 3 类，即数据级融合、特征级融合、决策级融合。

1. 数据级融合

数据级融合是可以直接在采集到的原始数据层上进行的融合，在各种传感器的原始测报未经预处理之前就进行数据的综合与分析。

数据级融合一般采用集中式融合体系进行融合处理，这是低层次的融合。例如，成像传感器中通过对包含若干像素的模糊图像进行图像处理，从而来确认目标属性的过程，就属于数据级融合。

2. 特征级融合

特征级融合属于中间层次的融合，它先对来自传感器的原始信息进行特征提取（特征可以是目标的边缘、方向、速度等），然后对特征信息进行综合分析和处理。

特征级融合的优点在于实现了可观的信息压缩，有利于实时处理，并且由于所提取的特征直接与决策分析有关，因而融合结果能最大限度地得出决策分析所需要的特征信息。

3. 决策级融合

决策级融合通过不同类型的传感器观测同一个目标，每个传感器在本地完成基本的处理，其中包括了预处理、特征抽取、识别或判决，以建立对所观察目标的初步结论，然后通过关联处理进行决策级融合判决，最终获得联合推断结果。

（四）数据挖掘与数据融合的联系

数据挖掘与数据融合既有联系，又有区别。它们是两种功能不同的数据处理过程，前者发现模式，后者使用模式。二者的目标、原理和所用的技术各不相同，但功能上相互补充，将二者集成可以达到更好的多源异构信息处理效果。

（五）知识拓展：解放双手改变传统生活的智能语音系统

智能语音系统是一种软件交互平台，通过语音输入、语音识别、信号转换及内容比对等融合而成。目前最为常见的智能语音系统产品是在手机中的语音助手和通话功能，如苹果手机的 Siri 就属于智能语音助手。

智能语音系统是通过一个收发平台，在内核心嵌入识别芯片功能的整体化产品。它可以根据不同的语言、业务需求及产品应用进行相关定制。

如日常使用的智能语音拨号功能，只需要识别用户所使用的语言，通过话筒接收语音信号，通过主电路板进行震动编码转换，并将收集到的信息发送至语言库进行识别、判断和比对，再根据比对结果进行信号传输工作，将结果反馈给用户即可完成。

相比这种简单的过程而言，具备搜索及娱乐功能的智能语音系统助手在整体流程上更为复杂。除要判断和识别用户使用语言及声音振动所带来的传感信号外，它还要对语言库及信息库进行完善工作，让其具备更加智能的判断力和理解能力。而对于庞大的语言库、信息库的完善工作就需要依托现有云端和网络作为支持，所以这一功能还将涉及网络传输和云存储等技术支持。

五、物联网的其他智能化技术

（一）物联网数据智能处理研究的主要内容

物联网的智能数据处理虽然依赖数据，但是物联网数据处理是受服务驱动的。物联网的服务主要还包括分析、决策与控制。为了实现这些服务，在数据层面需要进行一系列的数据处理工作。

针对物联网数据的智能处理，需要研究以下内容。

1. 以融合和决策为目的海量数据的实时挖掘

（1）基于物联网服务的需求，物联网中的数据挖掘应分为两个方面：辅助常规决策的数据挖掘和辅助数据融合的数据挖掘。

（2）鉴于物联网数据的异构、海量、分布性和决策控制的实时性，需要的内容包括：第一，需要研究数据挖掘引擎的布局及多引擎的调度策略；第二，在需要研究时空数据的实时挖掘方案，海量数据的实时挖掘方法，不确定知识条件下的实时挖掘算法，数据挖掘算法的综合运用、改进和新算法，低时空复杂度算法；第三，需要考虑物联网隐私的重要性，来研究隐私保护的数据挖掘方法等。

2. 以情境感知为目的的不确定性建模和推理

（1）针对数据本身的不确定性，需要研究：第一，感知数据本身的不确定性表达和推理；第二，实体数据的不确定性表达和推理；第三，决策数据的不确定性表达和推理。

（2）针对语义映射的不确定性，需要研究：第一，融合感知数据获取实体数据过程中的不确定性表达和推理；第二，融合实体数据获取决策数据过程中的不确定性表达和推理。

（3）针对查询分析的不确定性，需要研究：第一，物联网高维数据在松散模式下查询的不确定性表达；第二，查询结果的不确定性表达和推理；第三，联机分析处理和数据挖掘如何从不确定性数据中获取合理结果等。

（二）物联网中的人工智能技术

物联网的智能化技术是将智能技术的研究成果应用到物联网中，从而实现物联网的智能化。例如，物联网可以结合人工智能等智能化技术，应用到物联网中。

物联网的最终目标是实现一个智慧化的世界，它不仅仅感知世界，关键在于影响世界，智能化地控制世界。物联网根据具体应用结合人工智能，可以实现智能控制和决策。

人工智能是利用计算机来模拟人的某些思维过程和智能行为（如学习、推理、思考、规划等）。人工智能一般包括两种不同的方式。

1. 工程学方法

采用传统的编程技术使系统呈现智能的效果，而不考虑所用方法是否与人或动物机体所用的方法相同。

采用这种方法，需要人工详细规定程序逻辑，在实践中已经被多次采用。从不同的数据源（包含物联网的感知信息）收集的数据中提取有用的数据，对数据进行滤除以保证数据的质量，再将数据经转换、重构后存入数据仓库或数据集市，然后寻找合适的查询报告和分析工具以及数据挖掘工具对信息进行处理，最后转变为决策。

2. 模拟法

模拟法不仅要看效果，还要求实现方法与人类或生物机体所用的方法相同或相类似。这种方法应用于物联网可以分为两种：专家系统和模式识别。

（1）专家系统

专家系统是一种模拟人类专家解决领域问题的计算机程序系统，它不但采用基于规则的推理方法，还采用了诸如人工神经网络的方法与技术。

根据专家系统处理问题的类型，可把专家系统分为解释型、诊断型、调试型、维修型、教育型、预测型、规划型、设计型和控制型等。

（2）模式识别

模式识别通过计算机用数学技术方法来研究模式的自动处理和判读，如用计算机实现模式（文字、声音、人物、物体等）的自动识别。

计算机识别的显著特点是速度快、准确性和效率高，识别过程与人类的学习过程相似，可使物联网在"识别端"——信息处理过程的起点就具有智能性，保证物联网上的每个非人类的智能物体有类似人类的"自觉行为"。

总之，物联网要实现智能化，就需要结合人工智能的成果，如问题求解、逻辑推理证明、专家系统、数据挖掘、模式识别、自动调理、机器学习以及智能控制等技术。

（三）物联网专家系统

物联网专家系统是指在物联网上的一类具有专门知识和经验的计算机智能程序系统或智能机器设备，其可通过网络化部署专家系统来实现物联网数据的基本智能处理，对用户提供智能化的专家服务功能。

物联网专家系统可实现对多用户的专家服务，其数据来源于物联网集数据。专家系统的工作原理如下。

（1）智能终端采集的数据提交到物联网应用数据库，该数据反映了当前问题求解状态的集合。

（2）推理机是实施问题求解的核心执行机构，是对知识进行解释的程序，它按照一定策略对找到的知识进行解释执行，并把结果记录到数据库中。

（3）解释器用于对求解过程做出说明，并对提出的问题进行解答。

（4）知识库是问题求解所需要的行业领域知识的集合，包括基本事实、规则等信息。

（5）知识获取负责建立、修改和扩充知识库，是专家系统中把问题求解的各种冷门知识从专家头脑中或者其他知识源转换到知识库的重要机构。

在物联网中引入专家系统，可以使物联网对其接入的数据具有分析、判断并提供决策依据的能力，进而使物联网实现初步的智能化。

（四）知识拓展——物联网时代智慧生活 24 小时

你可能曾经想过：什么时候人类才能过上科幻影片中那样便捷、舒适的生活。的确，全息投影、空中汽车或是高速通行管道、人工智能管家在现阶段来说还难以实现。但虚拟现实、物联网、移动支付、自动驾驶及动作感应等技术，目前都已经获得了阶段性的实质发展。或许不久的将来，我们就会看到这些新型设备在消费领域逐渐普及。那么，我们能预料到的未来的数字生活会是什么样的呢？

1. 咖啡早餐叫你起床

早起对每一个上班族来说都是一件困难的事，甚至觉得吃早餐也是一个很麻烦的事情。如果想要在家里做好，无疑需要早起，所以许多人选择早餐随便凑合一下。事实上，借助于物联网智能家居设备，就能够很好地解决这一问题。

目前，一些厂商发布了智能咖啡机。它可以直接填充好咖啡豆，内置的磨豆机会自动将其磨成咖啡粉。它还配置了独立的容水槽。通过手机应用程序控制，你完全可以设置好自动烹煮时间，让香浓的咖啡叫醒你。

另外，真空烹饪机、智能慢炖锅、全自动调酒机器人等，都是主打无线控制、应用程序定时以及自动化烹饪的新型厨具，这些都可以帮助人们更简单方便地烹饪美食。或许不久后，我们的厨房里就会出现一款"厨师机器人"，帮你料理一日三餐，提升生活品质。

2. 自动巡航系统帮助你更好地驾车出行

吃完早餐就要出门上班了，如果路上交通堵塞，那么这一天的心情可能都会受到影响。自动驾驶技术可能会改善这种情况。谷歌全自动驾驶汽车在目前来说仍难以大规模投入使用。究其原因，除了它昂贵的价格，各国政策对这种高新技术的可靠性也持不同的观点。不过，目前各大汽车厂商均在大力发展雷达自动巡航系统，并且很快会投放世界范围市场。

如奥迪的自动巡航系统预计将出现在高配车型中。它能够通过车身顶部的雷达及摄像头综合传感器实现助力转向、配备自动油门及刹车系统，以减少通勤驾驶带来的疲劳感。沃尔沃也推出了一套汽车间的无线沟通方案，其在汽车间形成一个庞大的互联网，与自动巡航系统配合能实现更好的效果。

3. 在智能餐厅享受午餐

经过了一上午的繁忙工作，午休时间你可以去公司附近的餐馆享用美好的午餐。也许你已经体验过一些餐馆的 Pad 电子菜单，在不久的将来，更棒的智能餐厅也许很快就会变成现实。

在智能餐厅中，你不必再等待服务员点菜，通过智能手机与桌上的室内定位装置，就可以实现 App 点餐，而且室内大屏幕上会实时显示菜单的加工程序。当一道菜完成后，服务员会及时将它送到你的餐位上。结账时，你可通过应用或 NFC 功能刷手机支付。

下班后，很多人会选择去公司附近的健身房健身，但在跑步机上跑上 1 个小时未免有些无聊，这时虚拟现实设备就能够让我们获得更好的健身体验。

如果开发商开发了一款虚拟跑步游戏，场景包括纽约的中央公园、巴黎香榭里大道、瑞士阿尔卑斯山或是非洲草原，那么跑步健身的同时可以欣赏不同的美景。当然，人们还希望 Oculus Rift 最终版本的体积能够再小一些，以免增加头部的负担。

4. 助眠设备让你睡个好觉

一天中的最后时光，显然是在香甜的睡梦中度过的。也许你已经开始佩戴运动手环来监测睡眠质量，但实际上运动手环仅提供了参考数据，并未真正实现助眠功能。目前，市场中一些智能设备已经开始主推助眠功能，可通过灯光、声音再配合传感器收集数据来实现助眠效果。

在未来，我们相信此类设备还会得到更多功能上的强化。如将助眠设备与恒温器、空气净化器连接，实现类似 IFTTT 的联动功能，提供一个更好的整体睡眠环境。或发明一款智能床垫，集成传感器来监测睡眠质量，使床垫能够根据传感器数据调节形态、软硬度，帮助使用者获得更舒适的睡眠。

第四节 物联网信息安全与隐私保护

一、物联网安全的特点

与互联网不同，物联网的特点在于无处不在的数据感知、以无线为主的信息传输和智能化的信息处理。从物联网的整个信息处理过程来看，感知信息经过采集、汇聚、融合、传输、决策与控制等过程，均体现出了它与传统的网络安全不同的特点。

（一）影响物联网安全的因素

物联网的安全特征体现了感知信息的多样性、网络环境的异构性和应用需求的复杂性，呈现出网络的规模和数据的处理量大，决策控制复杂等特点，对物联网安全提出了新的挑战。

物联网除面对 TCP/IP 网络、无线网络和移动通信网络等传统网络安全问题之外，还存在着大量特殊的安全问题。具体来讲，物联网常常在以下方面受到安全威胁。

1. 物联网的设备、节点等无人看管，容易受到操纵和破坏

物联网的许多应用可以代替人完成一些复杂、危险和机械的工作，这些设备以及节点的工作环境大都无人监控。因此攻击者很容易接触到这些设备，从而对设备或嵌入其中的传感器节点进行破坏。攻击者甚至可以通过更换某些设备的软硬件，对它们进行非法操控。

2. 信息传输主要靠无线通信方式，信号容易被窃取和干扰

物联网在信息传输中多使用无线传输方式，暴露在外的无线信号很容易成为攻击者窃取或干扰的对象，从而对物联网的信息安全造成严重的危害。同时，攻击者也可以在物联网无线信号覆盖的区域内，通过发射无线电信号进行干扰，从而使无线通信网络不能正常工作，甚至瘫痪。

3. 出于低成本的考虑，传感器节点通常是受限的

物联网的许多应用通过部署大量的廉价传感器来覆盖特定区域。廉价的传感器一般体积较小，使用能量有限的电池供电，其能量、处理能力、存储空间、传输距离、无线电频率和带宽都受到限制，因此传感器节点无法使用较复杂的安全协议，因而这些传感器节点或设备也就无法拥有较强的自我安全保护能力。攻击者针对传感器节点的这一弱点，可以通过采用连续通信的方式使节点的资源耗尽。

4.物联网中物品的信息能够被自动地获取和传送

物联网通过对物品的感知实现物物相连。如通过 RFID（射频识别）、传感器、二维识别码和 GPS 定位等技术能够随时随地自动地获取物品的信息。

同样的，这种信息也能被攻击者获取，在不知情的情况下，物品的使用者可能就会被扫描、定位及追踪，对其个人的隐私构成了极大威胁。

（二）物联网的安全要求及安全建设

物联网安全的总体需求是物理安全、信息采集的安全、信息传输的安全和信息处理的安全，而最终目标是要确保信息的机密性、完整性、真实性和网络的容错性。

物联网的安全性要求物联网中的设备必须是安全可靠的，不仅要可靠地完成设计规定的功能，更不能因发生故障而危害到人员或者其他设备的安全；另外，它们必须有防护自身安全的能力，当遭受黑客攻击和外力破坏的时候仍然能够正常工作。

物联网的信息安全建设是一个复杂的系统工程，需要从政策引导、标准制定、技术研发等多个方面向前推进，通过坚实的信息安全保障手段，保障物联网健康、快速地发展。

二、物联网安全层次

（一）物联网安全层次概述

我们已经知道，物联网具备三个特征：一是全面感知，二是可靠传递，三是智能处理。物联网安全性相应地也分为三个逻辑层，即感知层、传输层和处理层。除此之外，在物联网的综合应用方面还有一个应用层，即对智能处理后的信息的利用。

在某些框架中，尽管智能处理与应用层被视为同一逻辑层进行处理，但从信息安全的角度考虑，将应用层独立出来更容易建立安全架构。

其实，关于物联网的几个逻辑层，目前已经有许多针对性的密码技术手段和解决方案。但需要说明的是，物联网作为一个应用整体，各层独立的安全措施简单相加并不足以为自身提供可靠的安全保障。而且，物联网与几个逻辑层所对应的基础设施之间还存在许多本质的区别。最基本的区别如下。

（1）已有的对传感网（感知层）、互联网（传输层）、移动网（传输层）、安全多方计算、云计算（处理层）等安全解决方案在物联网环境中可能不再适用。其主要原因是：第一，物联网所对应的传感网的数量和终端物体的规模是单个传感网所无法比拟的；第二，物联网所连接的终端设备或器件的处理能力有很大差异，它们之间需要相互作用；第三，物联网所处理的数据量比现在的互联网和移动网都大得多。

（2）即使分别保证感知层、传输层和处理层的安全，也不能保证物联网的安全。这是因为：第一，物联网是融几层于一体的大系统，许多安全问题来源于系统整合；第二，物联网的数据共享对安全性提出了更高的要求；第三，物联网的应用将对安全提出新要求，比如隐私保护不属于任何一层的安全需求，但却是许多物联网应用的安全需求。

鉴于以上原因，为保障物联网的健康发展，需要重新规划并制定可持续发展的安全架构，使物联网在发展和应用过程中，其安全防护措施得到不断完善。

（二）感知层的安全需求和安全框架

感知层的任务是全面感知外界信息，或者说感知层是一个原始信息收集器。该层的典型设备包括 RFID 装置、各类传感器（如红外、超声、温度、湿度、速度等）、图像捕捉装置（摄像头）、全球定位系统（GPS）以及激光扫描仪等。这些设备收集的信息通常具有明确的应用目的，因此过去这些信息皆被处理并应用，如公路摄像头捕捉的图像信息直接用于交通监控。

在物联网应用中，多种类型的感知信息可能会同时处理、综合利用，甚至不同感应信息的结果将影响其他的控制调节行为，如湿度的感应结果可能会影响温度或光照控制的调节。同时，物联网应用强调的是信息共享，这是物联网区别于传感网的最大特点之一。如交通监控录像信息可能还同时被用于公安侦破、城市改造规划设计、城市环境监测等。如何处理这些感知信息将直接影响信息的有效应用。为了使同样的信息被不同应用领域有效使用，应该建立一个综合处理平台，这就是物联网的智能处理层，改处理层将这些感知信息传输到这个处理平台进行处理。

感知信息要通过一个或多个与外界网连接的传感节点，被称为网关节点（sink 或 gateway），所有与传感网内部节点的通信都需要经过网关节点与外界联系，因此在物联网的传感层，我们只需要考虑传感网本身的安全性。

1. 感知层的安全挑战

感知层可能遇到的安全挑战包括下列情况。

（1）传感网的网关节点被敌手控制，安全性全部丢失。

（2）传感网的普通节点被敌手控制，敌手掌握节点密钥。

（3）传感网的普通节点被敌手捕获，但由于没有得到节点密钥，而没有被控制。

（4）传感网的节点（普通节点或网关节点）受到来自网络的 DOS 攻击。

（5）接入物联网的超大量传感节点的标识、识别、认证和控制问题。

敌手捕获网关节点并不等于控制该节点，实际上一个传感网的网关节点被敌手控制的可能性很小，因为控制网关节点需要掌握该节点的密钥（与传感网内部节点通信的密钥或与远程信息处理平台共享的密钥），而做到这点是十分困难的。如果敌手掌握了一个网关节点与传感网内部节点的共享密钥，那么他就可以控制传感网的网关节点，并由此获得通过该网关节点传出的所有信息。但如果敌手不知道该网关节点与远程信息处理平台的共享密钥，那么就不能篡改发送的信息，而是只能阻止部分或全部信息的发送，但这样极易被远程信息处理平台觉察。只要识别一个被敌手控制的传感网，便可以降低甚至避免由敌手控制的传感网传来的虚假信息所造成的损失。

目前，传感网遇到比较普遍的情况是某些普通网络节点被敌手控制而发起攻击，传感网与这些普通节点交互的所有信息都被敌手获取。敌手的目的可能不仅是被动窃听，还包括通过所控制的网络节点传输一些错误数据。传感网的安全需求应包括对恶意节点行为的判断和对这些节点的阻断，以及在阻断一些恶意节点（假定这些被阻断的节点分布是随机的）后，网络的连通性如何保障。

更为常见的情况是敌手捕获一些网络节点，不需要解析它们的预置密钥或通信密钥（这种解析需要付出代价和时间），只需要鉴别节点种类，如检查节点是用于检测温度、湿度还是噪声等。有时候这种分析对敌手是很有用的。因此，安全的传感网络应该具有保护其正常工作的安全机制。

既然传感网最终要接入其他外在网络，包括互联网，那么就难免受到来自外在网络的攻击。目前能预期到的主要攻击除非法访问外，还有拒绝服务攻占。因为通常传感网节点的资源（计算和通信能力）有限，所以对抗 DOS 攻击的能力比较弱，在互联网环境里不被识别为 DOS 攻击的访问就可能使传感网瘫痪。所以，传感网的安全应该包括节点抗 DOS 攻击的能力。考虑到外部访问可能直接针对传感网内部的某个节点（如远程控制启动或关闭红外装置），而传感网内部普通节点的资源一般比网关节点更小，网络抗 DOS 攻击的能力还应分为网关节点和普通节点两种情况。

传感网接入互联网或其他类型网络所带来的问题，不仅是传感网如何对抗外来攻击，更重要的是如何与外部设备相互认证，而认证过程又需要特别考虑传感网资源的有限性，因此，认证机制需要的计算和通信代价都必须尽可能小。此外，对于外部互联网来说，其所连接的不同传感网的数量可能是一个庞大的数字，如何区分这些传感网及其内部节点并且有效地识别它们，是安全机制能够建立的前提。

2.感知层的安全需求

针对上述的挑战，感知层的安全需求可以总结为以下几点。

（1）机密性。多数传感网内部不需要认证和密钥管理，如统一部署的共享一个密钥的传感网。

（2）密钥协商。部分传感网内部节点进行数据传输前，需要预先协商会话密钥。

（3）节点认证。个别传感网（特别是当传感数据共享时）需要节点认证，确保非法节点不能接入。

（4）信誉评估。一些重要传感网需要对可能被敌手控制的节点行为进行评估，以降低敌手入侵后的危害（某种程度上相当于入侵检测）。

（5）安全路由。几乎所有传感网内部都需要不同的安全路由技术。

3.感知层的安全防护

根据物联网本身的特点和上述物联网感知层在安全方面存在的问题，需要采取有效的防护对策，具体做法如下。

（1）加强对传感网机密性的安全控制

在传感网内部需要建立有效的密钥管理机制，以保障传感网内部通信的安全，在通信时需要建立一个临时会话密钥，确保数据安全。如在物联网构建中选择射频识别系统，应该根据实际需求考虑是否选择有密码和认证功能的系统。

（2）加强节点认证

节点认证可以通过对称密码或非对称密码方案解决。使用对称密码的认证方案需要预置节点间的共享密钥，该方案在效率上比较高，消耗网络节点的资源较少，所以许多传感网都选用此方案。而使用非对称密码技术的传感网一般具有较好的计算和通信能力，并且对安全性要求更高。在认证的基础上完成密钥协商是建立会话密钥的必要步骤。

（3）加强入侵监测

在敏感场合，节点要设置封锁或自毁程序，发现节点离开特定应用和场所，启动"封锁"或"自毁"，可使攻击者无法完成对节点的分析。

（4）加强对传感网的安全路由控制

几乎所有传感网内部都需要应用不同的安全路由技术。

综上，由于传感网的安全一般不涉及其他网络的安全，因此，传感网安全是相对较独立的问题，有些已有的安全解决方案在物联网环境中也同样适用。但由于物联网环境中传感网遭受外部攻击的机会增大，因此用于独立传感网的传统安全解决方案需要提升安全等级后才能使用。也就是说，传感网在安全上要求更高。

（三）传输层的安全需求和安全框架

物联网的传输层主要用于把感知层收集到的信息安全可靠地传输到信息处理层，然后根据不同的应用需求进行信息处理，即传输层主要是网络基础设施，包括互联网、移动网和一些专业网（如国家电力专用网、广播电视网）等。信息在传输过程中，可能经过一个或多个不同架构的网络进行信息交接。如普通电话座机与手机之间的通话就是一个典型的跨网络架构的信息传输。在信息传输过程中，跨网络传输是很正常的，在物联网环境中这一现象更为突出，而且很可能在极其普通的事件中产生信息安全隐患。

1. 传输层的安全挑战

网络环境目前遇到前所未有的安全挑战，而物联网传输层所处的网络环境也存在安全挑战，甚至是更大的安全挑战。同时，由于不同架构的网络需要相互连通，因此在跨网络架构的安全认证等方面会面临更大的挑战。

物联网传输层的安全问题主要存在以下方面：

（1）DOS 攻击、DDOS（分布式拒绝服务）攻击；

（2）假冒攻击、中间人攻击等；

（3）跨异构网络的网络攻击。

2. 传输层的安全需求

在物联网发展过程中，目前的互联网或者下一代互联网将是物联网传输层的核心载体，多数信息要经过互联网传输。互联网遇到的 DOS 和 DDOS 攻击仍然存在，因此需要采取更好的防范措施和灾难恢复机制。

考虑到物联网所连接的终端设备性能和对网络需求的巨大差异，其对网络攻击的防护能力也有很大差别，因此，很难设计出通用的安全方案，而应针对不同网络性能和网络需求采取不同的防范措施。

在传输层，异构网络的信息交换将成为安全的弱点，特别是在网络认证方面，难免存在中间人攻击和其他类型的攻击（如异步攻击、合谋攻击等）。这些攻击都需要采取更高的安全防护措施。

如果仅考虑互联网和移动网以及其他一些专用网络的安全问题，则物联网传输层对安全的需求可以概括为以下几点。

（1）数据机密性。需要保证数据在传输过程中不被泄露。

（2）数据完整性。需要保证数据在传输过程中不被非法篡改，或非法篡改的数据容易被检测出。

（3）数据流机密性。某些应用场景需要对数据流量信息进行保密，目前只能提供有限的数据流机密性。

（4）DDOS 攻击的检测与预防。DDOS 攻击是网络中常见的攻击类型之一，尤其在物联网中更为常见。物联网中需要解决的问题还包括如何防护 DDOS 对脆弱节点的攻击。

（5）移动网中认证与密钥协商（AKA）机制的一致性或兼容性、跨域认证和跨网络认证。

3. 传输层的安全防护

传输层的安全机制可分为端到端的机密性和节点到节点的机密性。

（1）对于端到端的机密性，需要建立安全机制，如端到端的认证机制、端到端密钥协商机制、密钥管理机制和机密性算法选取机制等。在这些安全机制中，可以根据需要增加数据完整性服务。

（2）对于节点到节点的机密性，需要节点间的认证和密钥协商协议，这类协议要重点考虑效率因素。

机密性算法的选取和数据完整性服务，可以根据需求决定是否选用。考虑到跨网络架构的安全需求，需要建立不同网络环境的认证衔接机制。

另外，根据应用层的不同需求，网络传输模式可以区分为单播通信、组播通信和广播通信，针对不同类型的通信模式也应该建立相应的认证机制和机密性保护机制。

简言之，传输层的安全防护主要包括以下几个方面。

（1）节点认证、数据机密性、完整性、数据流机密性、DDOS 攻击的检测与预防。

（2）移动网中 AKA 机制的一致性或兼容性、跨域认证和跨网络认证。

（3）相应密码技术。密钥管理（密钥基础设施 PKI 和密钥协商）、端对端加密和节点对节点加密、密码算法和协议等。

（4）组播和广播通信的认证性、机密性和完整性安全机制。

（四）处理层的安全需求和安全框架

处理层是信息到达智能处理平台的处理过程，包括如何从网络中接收信息。在从网络中接收信息的过程中，需要判断哪些信息是真正有用的信息，哪些是垃圾信息甚至是恶意信息。

在来自网络的信息中，有些属于一般性数据，主要用于某些应用过程的输入，而有些可能是操作指令。在这些操作指令中，又有一些可能是由于某种原因造成的错误指令（如指令发出者的操作失误、网络传输错误、遭到恶意修改等），或者是攻击者的恶意指令。

如何通过密码技术等手段甄别出真正有用的信息，又如何识别并有效防范恶意信息和指令带来的威胁是物联网处理层面临的重大安全挑战。

1. 处理层的安全挑战

物联网处理层的重要特征是智能，智能的技术实现少不了自动处理技术地参与，其目的是使处理过程更加方便迅速，而非智能的处理手段可能无法应对海量数据。但是，自动过程对恶意数据，特别是恶意指令信息的判断能力是十分有限的，而智能也仅限于按照规定规则进行过滤和判断，攻击者很容易避开这些规则，正如过滤垃圾邮件一样，多年来一直是一个难以彻底解决的问题。

因此，处理层的安全挑战包括以下几个方面。

（1）来自超大量终端的海量数据的识别和处理。

（2）智能变为低能。

（3）自动变为失控（可控性是信息安全的重要指标之一）。

（4）灾难控制和恢复。

（5）非法人为干预（内部攻击）。

（6）设备（特别是移动设备）的丢失。

2.处理层的安全需求

针对所面临的安全问题，处理层产生了以下安全需求。

（1）物联网时代需要处理的信息是海量的，需要处理的平台也数量众多。当不同性质的数据通过一个处理平台处理时，该平台需要多个功能各异的处理平台协同处理。但是，首先应该知道将哪些数据分配到哪个处理平台，因此数据类别分类是必需的。同时，由于安全的要求使得许多信息都是以加密形式存在的，因此如何快速有效地处理海量加密数据是智能处理阶段遇到的一个重大挑战。

（2）计算机技术的智能处理过程与人类的智力相比具有本质的区别，但计算机的智能判断在速度上是人类智力判断所无法比拟的。由此，人们期望物联网环境的智能处理水平不断提高，而且不能用人的智力代替，换言之，只要智能处理过程存在，就可能让攻击者有机会躲过智能处理过程的识别和过滤，从而达到攻击目的。在这种情况下，智能与低能相当。所以，物联网的传输层需要高智能的处理机制。

（3）如果智能水平很高，那么可以有效识别并自动处理恶意数据和指令。但再好的智能也存在失误，特别是在物联网环境中，即使出现失误的概率非常小，但因为自动处理过程的数据量非常庞大，所以出现失误的情况还是很多。

（4）在发生失误而致使攻击者攻击成功后，如何将攻击所造成的损失降低到最低限度，并尽快从灾难中恢复到正常工作状态，是物联网智能处理层的另一重要问题，也是一个重大挑战。

（5）智能处理层虽然使用智能自动处理手段，但还是允许人为干预，这是十分必要的。人为干预可能发生在智能处理过程无法做出正确判断的时候，也可能发生在智能处理过程有关键中间结果或最终结果的时候，还可能发生在因其他任何原因而需要人为干预的时候。人为干预的目的是使处理层更好地工作，但也有例外，那就是实施人为干预的人试图实施恶意行为时。来自人的恶意行为具有很大的不可预测性。所以，物联网处理层的防范措施除技术辅助手段外，更多地需要依靠科学管理手段。

（6）智能处理平台的大小不同，大的如高性能工作站，小的如移动设备、智能手机等。工作站的威胁来自内部人员恶意操作，而移动设备的一个重大威胁是丢失。由于移动设备不仅是信息处理平台，其本身通常也携带大量重要机密信息，如何降低作为处理平台的移动设备丢失所造成的损失是目前面临的重要安全挑战之一。

3. 处理层的安全防护

为了满足物联网智能处理层的基本安全需求，需要采取以下的安全防护措施。

（1）可靠的认证机制和密钥管理方案；

（2）高强度数据机密性和完整性服务；

（3）可靠的密钥管理机制，包括 PKI 和对称密钥的有机结合机制；

（4）可靠的高智能处理手段；

（5）入侵检测和病毒检测；

（6）恶意指令分析和预防，访问控制及灾难恢复机制；

（7）保密日志跟踪和行为分析，恶意行为模型的建立；

（8）密文查询、秘密数据挖掘、安全多方计算以及安全云计算技术等；

（9）移动设备文件（包括秘密文件）的可备份和恢复；

（10）移动设备识别、定位和追踪机制。

（五）应用层的安全需求和安全框架

应用层负责综合的或有个体特性的具体应用业务，它所涉及的某些安全问题通过前面几个逻辑层的安全解决方案可能仍然无法解决。在这些问题中，隐私保护就是典型的一种。无论是感知层、传输层还是处理层，都不涉及隐私保护问题，但隐私保护却是一些特殊应用场景的实际需求，即应用层的特殊安全需求。物联网的数据共享分为多种情况，而且涉及不同权限的数据访问。此外，在应用层还涉及知识产权保护、计算机取证、计算机数据销毁等安全需求和相应技术。

1. 应用层的安全挑战

应用层的安全挑战主要包括以下几个方面。

（1）如何根据不同访问权限对同一数据库内容进行筛选；

（2）如何提供用户隐私信息保护，同时能正确认证；

（3）如何解决信息泄露追踪问题；

（4）如何进行计算机取证；

（5）如何销毁计算机数据；

（6）如何保护电子产品和软件的知识产权。

2. 应用层的安全需求

针对以上应用层面临的安全挑战，应用层的安全需求包括以下内容。

（1）由于物联网需要根据不同应用需求给共享数据分配不同的访问权限，而且不同权限访问同一数据可能得到不同的结果。

（2）随着个人和商业信息的网络化，越来越多的信息被认为是用户隐私信息。需要隐私保护的应用至少包括以下几种：第一，移动用户既需要知道（或被合法知道）其位置信息，又不愿意被其他用户获取该信息；第二，用户既需要证明自己合法使用某种业务，又不想让他人知道自己在使用某种业务，如在线游戏等；第三，病人急救时需要及时获得该病人的电子病历信息，但同时又要保护该病历信息不被非法获取，包括病历数据管理员。事实上，电子病历数据库的管理人员可能有机会获得电子病历的内容，但隐私保护采用某种管理和技术手段，使病历内容与病人身份信息在电子病历数据库中无关联；第四，许多业务需要匿名，如网络投票等。

（3）很多情况下，用户信息是认证过程的必填信息，如何对这些信息提供隐私保护，是一个具有挑战性的问题，但又是必须解决的问题。例如，医疗病历的管理系统需要病人的相关信息来获取正确的病历数据，但又要避免该病历数据跟病人的身份信息相关联。在应用过程中，主治医生知道病人的病历数据，虽然在这种情况下对隐私信息的保护具有一定困难性，但可以通过密码技术手段掌握医生泄露病人病历信息的证据。

（4）在使用互联网的商业活动中，特别是在物联网环境的商业活动中，无论采取哪种技术措施，都难以避免恶意行为的发生。如果能根据恶意行为所造成后果的严重程度给予相应的惩罚，就可以减少恶意行为的发生。从技术层面来看，计算机取证就显得非常重要。当然，这有一定的技术难度，主要是因为计算机平台种类太多，包括多种计算机操作系统、虚拟操作系统、移动设备操作系统等。

（5）与计算机取证相对应的是数据销毁。数据销毁的目的是销毁那些在密码算法或密码协议实施过程中所产生的临时中间变量，一旦密码算法或密码协议实施完毕，这些中间变量将不再有用，但如果这些中间变量落入攻击者手里，可能为攻击者提供重要的参数，从而增大攻击成功的可能性。所以，这些临时中间变量需要及时安全地从计算机内存和存储单元中删除。

计算机数据销毁技术不可避免地会为计算机犯罪提供证据销毁工具，从而增大计算机取证的难度。而如何处理好计算机取证和计算机数据销毁之间的矛盾，是一项具有挑战性的技术难题，也是物联网应用中需要解决的问题。

（6）物联网的主要市场是商业应用。在商业应用中存在大量被需要保护的知识产权产品，包括电子产品和软件等。所以，对电子产品的知识产权保护将会提高到一个新的高度，对应的技术要求也是一项新的挑战。

3. 应用层的安全防护

基于物联网应用层的安全挑战和安全需求，需要建立以下的安全防护机制。

（1）有效的数据库访问控制和内容筛选机制；

（2）不同场景的隐私信息保护技术；

（3）叛逆追踪和其他信息泄露追踪机；

（4）有效的计算机取证技术；

（5）安全的计算机数据销毁技术；

（6）安全的电子产品和软件的知识产权保护技术。

针对这些安全架构，需要开发相关的密码技术，包括访问控制、匿名签名、匿名认证、密文验证（包括同态加密）、门限密码、叛逆追踪、数字水印和指纹技术等。

三、物联网安全技术

（一）物联网感知层安全关键技术

物联网感知层主要包括传感器节点、传感网路由节点、感知层网关节点（又被称为协调器节点或汇聚节点）以及连接这些节点的网络，通常是短距离无线网络，如蓝牙、Wi-Fi 等。广义上来说，传感器节点也包括 RFID 标签，感知层网关节点包括 RFID 读写器，无线网络也包括 RFID 使用的通信协议。考虑到许多传感器的特点是资源受限，因此处理能力有限，对安全的需求也相对较弱，但完全没有安全保护会面临更大问题，因此需要轻量级安全保护。什么是轻量级？它与物联网的概念一样，目前仍没有一个统一的定义。但我们可以分别以轻量级密码算法和轻量级安全协议进行描述。

由于 RFID 标准中为安全保护预留了 2000 门等价电路的硬件资源，因此如果一个密码算法能使用不多于 2000 门等价电路来实现的话，这种算法就可以被称为轻量级密码算法。目前已知的轻量级密码算法包括 PRESENT 和 LBlock 等。而对轻量级安全协议，目前仍没有一个量化描述。虽然轻量级密码算法有一个量化描述，但追求轻量的目标却永无止境。以下分别是几项轻量级密码算法设计的关键技术和挑战。

（1）超轻量级密码算法的设计。这类密码算法包括流密码和分组密码，设计目标是在硬件成本上越小越好，不需要考虑数据吞吐率和软件实现成本和运行性能，而使用对象是 RFID 标签和资源非常有限的传感器节点。

（2）可硬件并行化的轻量级密码算法的设计。这类密码算法同样包括流密码和分组密码算法，设计目标是考虑不同场景的应用，或通信两端的性能折中，虽然在轻量化实现方面也许不是最优，但当不考虑硬件成本时，可使用并行处理技术实现吞吐率的大幅提升，比较适合协调器端使用。

（3）可软件并行化的轻量级密码算法的设计。这类密码算法的设计目标是满足一般硬件轻量级需求，但软件实现时可以实现较高的吞吐率，适合在一个服务器管理大量终端感知节点情况下使用。

（4）轻量级公钥密码算法的设计。在许多应用中，公钥密码具有不可替代的优势，但公钥密码的轻量化到目前为止是一个没有被攻克的技术挑战，即公开文献中还没有找到一种公钥密码算法可以使用小于2000门等价电路，且在当前计算能力下不可实际破解。

（5）非平衡公钥密码算法的设计。这其实是轻量级公钥密码算法的折中措施，目标是设计一种在加密和解密过程很不平衡的公钥密码算法，使其加密过程达到轻量级密码算法的要求，或解密过程达到轻量级密码算法的要求。考虑到轻量级密码算法的很多使用情况下是在传感器节点与协调器或服务器进行通信，而后者计算资源不受限制，因此无须使用轻量级算法，只要在传感器终端上使用的算法具有轻量级即可。目前，对于轻量级安全协议，既没有量化描述，也没有定性描述。总体上，安全协议的轻量化与同类协议相比，要减少通信轮数（次数）、通信数据量、计算量，当然这些要求的代价是一定会有所牺牲，如可靠性甚至某些安全性方面的牺牲。

可靠性包括对数据传递的确认（是否到达目的地），对数据处理的确认（是否被正确处理）等，而安全性包括前向安全性、后向安全性等，因为这些安全威胁在传感器网络中不太可能发生，其攻击成本高而造成的损失小。轻量级安全协议包括以下几种。

（1）轻量级安全认证协议，即如何认证通信方的身份是否合法；

（2）轻量级安全认证与密钥协商协议（AKA），即如何在认证成功后建立会话密钥，包括同时建立多个会话密钥的情况；

（3）轻量级认证加密协议，即无须对通信方的身份进行专门认证，在传递消息时验证消息来源的合法性即可，这种协议适合非连接导向的通信；

（4）轻量级密钥管理协议，包括轻量级PKI、轻量级密钥分发（群组情况）、轻量级密钥更新等。无论是轻量级密码算法还是轻量级安全协议，必须考虑消息的新鲜性，以防止重放攻击和修改重放攻击。这与传统数据网络有着本质的区别。

（二）物联网传输层安全关键技术

物联网传输层主要包括互联网以及移动网络（如GSM、5G、LTE等），也包括一些非主流的专业网络，如电信网、电力载波等。但研究传输层安全关键技术时一般主要考虑互联网和移动网络。事实上互联网有许多安全保护技术，包括物理层、IP层、传输层和应用层的各个方面，而移动网络的安全保护也有专门的国际标准，因此物联网传输层的安全技术不是物联网安全中的研究重点。

（三）物联网处理层安全关键技术

物联网处理层就是数据处理中心，小的如一个普通的处理器，大的包括由分布式机群构成的云计算平台。从信息安全角度考虑，系统越大，遭受攻击者关注的可能性就越大，相应地需要的安全保护程度就越高。因此物联网处理层安全的关键计算主要是云计算安全的关键技术。由于云计算作为一个独立的研究课题已经得到广泛关注，这方面的安全关键技术已有许多专门论述和研究，因此不在本书的讨论范围内。

（四）物联网应用层安全关键技术

物联网的应用层严格地说并不是一个具有普适性的逻辑层，因为不同的行业应用在数据处理后的应用阶段表现形式各异。

综合不同的物联网行业应用可能需要的安全需求，物联网应用层安全的关键技术包括以下几个方面。

（1）隐私保护技术。隐私保护包括身份隐私和位置隐私。身份隐私就是在传递数据时不泄露发送设备的身份，而位置隐私则是告诉数据中心某个设备在正常运行，但不泄露设备的具体位置信息。事实上，隐私保护是相对的，没有泄露隐私并不意味着没有泄露关于隐私的任何信息，如位置隐私，通常会泄露（有时是公开或容易猜到的信息）某个区域的信息，要保护的是这个区域内的具体位置，而身份隐私也常泄露某个群体的信息，要保护的是这个群体的具体个体身份。隐私保护的研究是一个传统问题，国际上对这一问题早有研究，如在物联网系统中，隐私保护包括 RFID 的身份隐私保护、移动终端用户的身份和位置隐私保护、大数据下的隐私保护技术等。

在智能医疗等行业应用中，传感器采集的数据需要集中处理，但该数据的来源与特定用户身份没有直接关联，这就是身份隐私保护。这种关联的隐藏可以通过第三方管理中心来实现，也可以通过密码技术来实现。隐私保护的另一个种类是位置隐私保护，即用户信息的合法性得到检验，但该信息来源的地理位置不能确定。位置隐私的保护方法之一是通过密码学技术手段。根据我们的现有经验，在现实世界中稍有不慎，我们的隐私信息就被暴露于网络上，有时甚至处处小心还是会泄露隐私信息。因此，如何在物联网应用系统中不泄露隐私信息是物联网应用层的关键技术之一。在物联网行业应用中，如果隐私保护的目标信息没有被泄露，就意味着隐私保护是成功的，但在学术研究中，我们需要对隐私的泄露进行量化描述，即一个系统也许没有完全泄露被保护对象的隐私，但已经泄露的信息让这个被保护的隐私信息非常脆弱，再有少许信息就可以被确定，或者说该隐私信息可能有较大概率被猜测成功。除此之外，大数据下的隐私保护如何研究，是一个值得也带来了的问题。

（2）移动终端设备安全。智能手机和其他移动通信设备的普及为生活带来极大便利的同时，也带来了很多安全问题。当移动设备失窃时，设备中数据和信息的价值可能远大于设备本身的价值，因此如何保护这些数据不丢失、不被窃，是移动设备安全要解决的重要问题之一。当移动设备成为物联网系统的控制终端时，移动设备的失窃所带来的损失可能会远大于设备中数据的价值，因为对 A 类终端的恶意控制所造成的损失不可估量。所以，作为物联网终端的移动设备安全保护是重要的技术挑战之一。

（3）物联网安全基础设施，即使能够保证物联网感知层安全、传输层安全和处理层安全，也保证终端设备不失窃，但也保证不了整个物联网系统的安全。一个典型的例子是智能家居系统，假设传感器到家庭汇聚网关的数据传输得到安全保护，家庭网关到云端数据库的远程传输得到安全保护，终端设备访问云端也得到安全保护，但对智能家居用户来说还不是 100% 安全，因为感知数据存储于由别人控制的云端。如何实现端到端的安全，即 A 类终端到 B 类终端以及 B 类终端到 A 类终端的安全，需要由合理的安全基础设施来完成。

对智能家居这一特殊应用来说，安全基础设施可以非常简单，如可以通过预置共享密钥的方式完成，但对其他环境，如智能楼宇和智慧社区，预置密钥的方式不能被用户接受，也不能让用户放心。如何建立物联网安全基础设施的管理平分，是安全物联网实际系统建立中不可或缺的组成部分，也是重要的技术问题。

（4）物联网安全测评体系。安全测评不是一种管理，而是一种技术。首先要确定测评什么，即确定并量化测评安全指标体系，然后给出测评方法，这些测评方法应该不依赖于使用的设备或执行的人，且具有可重复性。必须首先解决好这一问题，才能推动物联网安全技术落实到具体的行业应用中。

四、影响物联网信息安全的非技术因素

物联网的信息安全问题不仅是技术问题，还涉及许多非技术因素。例如，以下几方面的因素很难通过技术手段来实现。

（1）教育。让用户意识到信息安全的重要性，以及如何正确使用物联网服务才能减少机密信息的泄露。

（2）管理。严谨的科学管理方法将使信息安全隐患降低到最小，特别应注意信息安全管理。

（3）信息安全管理。找到信息系统安全方面最薄弱的环节并进行加强，以提高系统的整体安全程度，包括资源管理、物理安全管理、人力安全管理等。

（4）口令管理。许多系统的安全隐患来自账户口令的管理。

因此，在物联网的设计和使用过程中，除需要加强技术手段以提高信息安全的保护力度外，还应注重对信息安全有影响的非技术因素，从整体上降低信息被非法获取和使用的概率。

五、安全的物联网平台标准

经过发展演变，计算机和智能手机现已包含了拥有内置安全措施的复杂操作系统。不过，通常的物联网设备，如厨房家电、婴儿监控器、健身追踪器等，在设计过程中并没有采用计算机级别的操作系统，所以就不具有相应的安全特性。那么，谁应当负责这些联网产品所需的端对端的安全呢？答案是让联网设备制造商对优质的物联网平台加以利用。

一个完整的平台解决方案能够让物联网设备在设备端、云端以及软件层面一直保持其可用性和安全性。以下是物联网平台应当遵守的重要安全原则。

（1）提供 AAA 安全。AAA 安全指的是认证、授权和审计，能够实现移动和动态安全。它将对用户身份进行认证，通常会根据用户名和密码对用户的身份进行认证；对认证用户访问网络资源进行授权；经过授权认证的用户需要访问网络资源时，会对过程中的活动行为进行审计。

（2）对丢失或失窃的设备进行管理。包括远程擦除设备内容或者禁止设备联网。

（3）对所有用户身份认证信息进行加密。加密有助于对传输中的数据进行保护，无论是通过网络、移动电话、无线麦克风、无线对讲机，还是通过蓝牙设备进行传输。

（4）使用二元认证。双重保护，使黑客在进行攻击时必须突破两层防线，此举可大大增加安全系数。

（5）对静态数据、传输中的数据以及云端数据提供安全保护。传输中的数据安全取决于采用何种传输方法。确保静态数据以及传输中的数据安全通常需要涉及基于 HTPS 和 UDP 的服务，从而确保每个数据包都采用 AES128 位加密法进行了子加密。备份数据也要进行加密。为了确保经过云端的数据安全，需要使用在 AWS 虚拟私有云（VPC）环境中部署的服务，从而为服务提供商分配一个私有子网并限制所有人随意访问。

联网设备制造商需要为物联网平台服务商提供以下支持。

（1）分析用户数据的潜在情景。终端用户应当对数据拥有多少隐私控制，如他们什么时候离开家？什么时候回家？维护或服务人员应当有权访问哪些数据？哪些不同类型的用户可能希望与同一部设备进行互动？用什么方式进行互动？等等。

（2）思考客户将如何获得设备的所有权。当所有权转移时，原始用户的数据将如何处理？这一理念不仅适用于非经常性转移，如购买并入住新房，也适用于房客每天开房退房的酒店等场景。

（3）在首次使用物联网平台时对所提供的缺省凭证进行处理。如无线接入点和打印机等很多设备都拥有已知的管理员 ID 和密码。设备可能会为管理员提供一个内置的网络服务器，让他们能够对设备进行远程连接、登录以及管理。这些缺省凭证构成了能够被攻击者利用的潜在安全隐患。

（4）在保护用户隐私以及应对现实中各类型的物联网设备时，基于角色的访问控制是必不可少的。凭借基于角色的访问，可以对安全性进行调整，从而应对几乎所有类型的情景或使用情况。

六、知识拓展——利用生物识别技术加强信息安全

随着技术的进步，生物特征逐渐被应用在电子消费领域，其可用来识别身份，免去输入的麻烦。在不久的将来，指纹等生物特征识别技术将被应用于更多的设备。

根据美国专利商标局公布的一项来自苹果公司的专利，被描述为"利用生物特征进行设备间的无线匹配与通信的系统"，这些生物特征可包括指纹、人脸识别、虹膜扫描以及声音等，当用户在不同的设备中录入这些数据后，数据的传输就会变得更加简单和安全。

除此之外，生物数据还可以用来设置文件的访问权限，以防止私密内容泄露，也可以给数据设计不同的安全级别，总之，它可以让数据变得更加安全。

专利中提及的设备主要是台式机、笔记本和智能手机，这说明苹果公司曾考虑过给Mac添加生物特征功能。想一想，当你打开MacBook的时候，不再需要输入密码解锁，因为在你翻开屏幕的一刹那，扫描已经完成。传输数据也不需要进行一再验证，启动生物扫描就可以了，这样你是不是就可以得到更好的用户体验？

该专利是在2012年8月31日申请的，比iPhone5s发布早一年，这表明苹果公司很早就在探讨生物特征的多种应用场景。iPhone5s应用的指纹解锁只是冰山一角，随着生物科技的进步，传感器的广泛应用，更多的生物特征将被引入电子设备中。

不过，身份识别只是生物特征应用很小的一方面，利用传感器监测健康数据，提供精准的习惯引导，才是生物特征应用技术研究的最终目的。

同时，Google公司也致力于这一技术的开发。Google收购了一家小型初创公司SlickLogin，后者从事声音解锁系统的研究，利用声波代替键盘输入，免去了输入的麻烦。

指纹识别算什么，脑波密码更加强大。因为人都有隐私，为了安全，我们需要密码。

现在虹膜识别、人脸识别的技术还处于发展阶段，在实际应用中仍存在一些问题。这两项技术需要相当高端的设备配合，如搭配了高品质摄像头的计算机。与此同时，面部识别很容易被欺骗，只需要通过3D打印伪造人脸就可能蒙混过关。

　　宾汉姆顿大学构建了一个能够通过扫描大脑认证身份的生物特征识别系统。被测试者戴着 EEG 帽收集脑波信号，可以看到信号波动图。这一验证过程需要用到一个脑电图（EEG）帽和一系列 500 张图片，其中包括文字、名人的脸和普通的照片。其中每一张图片都只在屏幕上停留半秒钟，脑电图检测被测试者看到这些图片时的反应，然后将收集到的信号和已经记录的反应进行比对。如果屏幕上出现了一只蜜蜂，那么对蜂量强烈过敏的人可能会和以养蜂为生的人产生不同的反应。随着图片数量和反应的增加，伪造认证的成功率也随之下降。

　　在早期的主动识别测试中，机器可以以 82% ~ 97% 的精度从 32 名受试者中确定某个特定的人，而现在，机器已经能够 100% 准确地从 30，名测试者中找出特定的人。

　　如果这一技术试验成功，就能够为越来越多的人提供服务。在未来，脑波密码有可能成为安全系统的最佳选择。

第四章　物联网数据处理技术

第一节　无线传感器网络

由于当前各类信息系统主要在移动通信环境中进行，各种技术与进展也主要在无线传感器网络领域。无线传感器网络（WSN）简称无线传感网，其底端与各种功能各异、数量巨大的传感器相连接，另一端则以有线或无线接入网络与骨干网相连，从而构成各种规模与形态的物联网系统。

传感器网络经历了智能传感器、无线智能传感器以及无线传感器网络 3 个阶段。智能传感器将计算能力嵌入其中，使传感器节点不仅具有数据采集能力，还具有信息处理能力；无线智能传感器在智能传感器的基础上增加了无线通信能力，延长了传感器的感知触角；无线传感器网络将网络技术引入无线智能传感器中，使传感器不再是单个的感知单元，而是能交换信息、协调控制的有机体，实现了物与物的互联，把感知触角深入世界各个角落，成为泛在计算及物联网的骨干架构。

无线传感网技术得到学术界、工业界乃至政府的广泛关注，且已经成为在国防军事、环境监测和预报、健康护理、智能家居、建筑物结构监控、复杂机械监控、城市交通、空间探索、大型车间和仓库管理以及机场、大型工业园区的安全监测等众多领域中最具竞争力的应用技术之一。

随着微机电系统、片上系统（SoC）、无线通信和低功耗嵌入式技术的飞速发展，已经孕育出了无线传感网，并以其低功耗、低成本、分布式和自组织的特点带来了信息感知的一场变革。无线传感网是物联网的基础，它和移动通信网络结合，为物联网提供了运行空间。

一、无线传感器网络的体系结构

1. 无线传感器网络结构

现代信息技术的基础是传感器技术、通信技术、计算机技术，分别完成信息采集、传输和处理。无线传感网将这些技术结合在一起，实现信息采集、传输和处理的一体化与自动化。

无线传感网由部署在监测区域内、具有无线通信与计算能力的大量的廉价微型传感器节点组成，通过自组织方式构成能够根据环境完成指定任务的分布式、智能化网络系统。无线传感网的节点间一般采用多跳（multi-hop）方式进行通信。传感网的节点协作监控不同位置的对象及环境状况（如温度、湿度、声音、压力或污染物等），并配合执行系统运行。

传感网通过一组传感器以特定方式构成有线或无线网络，使各节点能协作感知、采集和处理网络覆盖范围内的感知对象的信息，并发布给观控者。

传感网的构建必须具备以下几个基本要素。

（1）感知对象需要被感知的任何事物或者环境参数；

（2）传感器节点既有感知功能，也有路由选择功能，用于检测周围事件的发生或者环境参数；

（3）汇聚节点从传感器节点采集并处理最终的检测数据；

（4）管理节点是指可对其他节点进行配置和管理，发布检测任务及收集检测数据等。

2. 无线传感器网络拓扑结构和部署

（1）无线传感器网络的拓扑结构

无线传感网拓扑结构有星状网、树状网、网状网和混合网。每种拓扑结构都有各自的优点和缺点，具体如下。

1）星状网

星状网的拓扑结构是单跳。在传统无线网络中，所有终端节点都是直接与基站进行双向通信，而彼此间不进行连接。基站节点可用一台 PC、专用控制设备或其他数据处理设备作通信网关，各终端节点也可按应用需求而各不相同。这种结构对传感网并不合适，因为传感器自身能量有限，如果每个节点都要保证数据的正确接收，则传感器节点需要以较大功率发送数据。此外，当节点之间距离较近时，会监测到相似或者相同的信息，这些不必要的工作会增加网络负荷。

2）树状网

树状网是层次网，从总线拓扑演变而来，像倒置的树，树根以下带分支，每个分支还可再带子分支。树形网可视为多层次星型结构纵向连接而成，与星形网络相比，节点易于扩充，但是树形网复杂，与节点相连的链路由故障时，对整个网络的影响较大。

3）混合网

混合网拓扑结构力求兼具星状网的简洁、易控以及网状网的多跳和自愈的优点，使得整个网络的建立、维护以及更新更加简单、高效。其中，分层式网络结构属于混合网中比较典型的一种，尤其适合节点众多的无线传感网的应用。在分层网中，整个传感器网络形成分层结构，传感器节点能够通过基站指定或者自组织的方法形成各个独立的簇，每个簇选出相应的簇首，再由簇首负责簇内所有节点的控制，并对簇内所收集的信息进行整合、处理，随后发送给基站。分层式网络结构通过簇内控制，既减少了节点与基站间远距离的信令交互，降低了网络建立的复杂度，还减少了网络路由和数据处理的开销，同时可通过数据融合降低网络负载，而多跳也减少了网络的能量消耗。

（2）无线传感网节点的功能

无线传感网中，节点负责对周围信息的采集和处理，并发送自己采集的数据给相邻节点或将相邻节点发过来的数据转发给网关站或更靠近网关站的节点。组成无线传感器网络的传感器节点应具备体积小、能耗低、无线传输、灵活、可扩展、安全与稳定、数据处理和低成本等特点，节点设计的好坏直接影响到整个网络的质量。其一般由数据采集模块（传感器、A/D 转换器）、处理器模块（微处理器、存储器）、无线通信模块（无线收发器）和能量供应模块等组成。

传感器节点在无线传感网中可以作为数据采集节点、路由节点（簇头节点）和网关（汇聚节点）3 种。作为数据采集节点，主要是收集周围环境数据，然后进行 A/D 转换，通过通信路由协议直接或者间接地将数据传递到相邻节点，进而将数据转发给远方基站或汇聚节点。路由节点则作为数据中转站，除完成数据采集任务以外，还接收邻居节点的数据，然后再将其发送给距离基站更近的邻居节点或直接发送到基站或汇聚节点。当节点作为网关时，主要功能就是连接传感器网络与外部网络，将传感器节点采集到的数据通过互联网或卫星发送给用户。

（3）无线传感器网络的部署

在传感网中，传感器节点可通过飞机播撒、人工安装等方式部署在感知对象内部、附近或周边等。这些节点通过自组织或设定方式组网，以协作方式感知、采集和处理覆盖区域内特定的信息，从而实现对信息在任意地点、任意时间的采集、处理和分析，并以多跳中继的方式将数据传回汇聚节点 Sink。它具有快速部署，易于组网、不受有线网络束缚、适应恶劣环境等优点。

无线传感网无须固定的设备支持，通常，无线传感网的部署有两种。

1）随机性部署以撒布方式部署，节点随机分布，以 Ad-Hoc 方式进行工作；

2）确定性部署，预先确定部署方案和节点位置，路由预先选定。

无线传感网节点结构设计也可从以下两方面考虑。

1）同构所有的传感网节点具有相同的运算、存贮能力和能量；

2）异构传感网节点具有不同的能力和重要性。

3. 无线传感器网络协议架构

与传统网络协议类似，无线传感网协议在架构上也大致包括物理层、数据链路层、网络层、传输层和应用层协议。

（1）物理层协议

物理层通信协议主要解决传输介质选择、传输频段选择、无线电收发器的设计、调制方式等问题。由于无线传感器节点的能量有限，因此物理层（包括其他层）的一个核心设计原则就是节能。传感网使用的传输介质主要包括无线电、红外线以及光波等，其中无线电是目前最主要的传输介质。一般直接采用 IEEE 802.15.4 的物理层，负责在无线局域网、无线个域网以中速与低速比特流传输。

（2）数据链路层 MAC 协议

传感网的数据链路层的任务是保证无线传感器网络设备间可靠、安全、无误、实时地传输，主要为资源受限（特别是能源）的大量传感器节点建立具有自组织能力的多跳通信链路，以实现通信资源共享，处理数据包之间的碰撞，重点是如何节约能源。MAC 协议工作方式如下。

1）基于随机竞争的 MAC 协议这类协议为周期侦听 / 睡眠，节点尽可能处于睡眠状态，以降低能耗。通过睡眠调度机制减少节点空闲侦听时间；通过流量自适应侦听机制，减少消息传输延迟；根据流量动态调整节点活动时间，用突发方式发送信息，减少空闲侦听时间。

2）基于 TM（时分多址）的 MAC 协议将所有节点分成多个簇，每簇都有一个簇头，可为簇内所有节点分配时槽，收集和处理簇内节点来的数据，发送给汇聚节点。也可将一个数据传输周期分为调度访问阶段和随机访问阶段。前者由多个连续的数据传输时槽组成，每个时槽分给特定节点，用来发送数据；后者由多个连续的信令交换时槽组成，用于处理节点的添加、删除及时间同步等。

（3）网络层协议

无线传感网的网络层由寻址、路由、分段与重组、管理服务等功能模块构成。主要包括基于聚簇的路由协议、基于地理位置的路由协议、能量感知路由协议、以数据为中心的路由协议等。

1）基于聚簇的路由协议根据规则把所有节点集分为多个子集，各集为一个簇，由簇头负责全局路由，其他节点通过簇头接收或发送数据。

2）基于地理位置的路由协议在各节点都知道自己及目标节点的位置时的协议。

3）以数据为中心的路由协议 Sink 用洪泛方式将消息（监测数据）传播到整个或部分区内的节点。传播中，协议在每个节点上建立反向的从数据源到 Sink 的传输路径，再把数据沿已确定的路径向 Sink 传送。该类协议的能量和时间开销大。

4）能量感知路由协议源节点和目标节点间建立多条通信路径，而且各路径具有一个与节点剩余能量相关的选择概率。

在设计路由协议时要考虑节能与通信服务质量的平衡，如何支持拓扑结构频繁改变，如何面向应用设计路由协议、安全路由协议等问题。

（4）传输层协议

传输层与传统网络的传输层担负的任务大致相同，均负责端到端的传输控制。无线传感网与互联网或其他网络相连时，传输层协议尤其重要。因无线传感网的能量受限性、节点命名机制、以数据为中心等特征，使其传输控制较困难，故其传输层需要特殊的技术和方法。

（5）应用层协议

应用层位于模型的最高层，主要功能是为各类应用软件提供各种面向作业的支持。主要由应用子层、用户应用进程、设备管理应用进程等构成。应用子层提供通信模式、聚合与解析、应用与解析、应用层安全和管理服务等功能。用户应用进程包含的功能模块为多用户应用对象。设备管理应用进程包含的功能模块包括网络管理模块、安全管理模块和管理信息库。

1）无线传感网用户进程的功能

①通过传感器采集物理世界的数据，如温度、压力、湿度、流量等。对这些数据处理，如量程转换、数据线性化数据补偿、滤波等，UAP 对它们进行运算并产生输出，通过执行器进行过程控制。②产生并发布报警功能，UAP 在监测到物理数据超过上下限或 UAP 的状态发生切换时产生报警信息。③通过 UAP 实现与其他现场总线技术的互操作。

2）无线传感网设备管理应用进程中网络管理模块的功能

①构建和维护由路由设备构成的网状结构，负责构建和维护由现场和路由设备构成的星形结构。②分配网状结构中路由设备间通信所需的资源，预分配路由设备可分配给星形结构中现场设备的通信资源，负责将网络管理者预留给星形结构的通信资源分配给簇内现场设备。③监测无线传感器网络的性能，具体包括设备状态、路径健全状况及信道状况。

3）无线传感器网络设备管理应用进程中安全管理模块的功能

①认证试图加入网络中的路由设备和现场设备。②负责全网的密钥管理，包括密钥产生、密钥分发、密钥恢复、密钥撤销等。③认证端到端的通信关系。

4）无线传感器网络设备管理应用进程中管理信息库的功能主要包括管理网络运行所需的全部属性。

4. 无线传感器网络的通信体系

在上述协议体系架构的基础上，既要保证无线传感网的通信，还要有相应的功能支持，如网络管理、安全机制、服务质量等。只有各网络与终端设备厂商依据协议标准进行设计与生产，一些硬件与软件严格遵循通信体系架构，才能实现或支持如下所述的设备技术架构。

5. 无线传感器网络设备技术架构

传感器网络设备技术架构不仅对网络元素（如传感器节点、路由节点和传感器网络网关节点）的结构进行描述，还定义各单元模块间的接口以及传感器网络的设计原则和指导路线。

（1）传感器节点技术参考架构

从技术标准角度出发，传感器节点技术架构包括以下几个方面。

1）应用层

位于技术架构顶层，由应用子集和协同信息处理两个模块组成。应用子集包含一系列传感器节点应用模块，如防入侵检测系统监护和温湿度监控等。该模块的各功能实体均有与技术架构其余部分进行信息传递的公共接口。协同信息处理包含数据融合和协同计算。协同计算在提供能源、计算能力、存储和通信带宽限制的情况下，仍能高效率完成信息服务使用者指定的任务，如动态任务、不确定性测量、节点移动和环境变化等。

2）服务子层

服务子层包含有共性的服务与管理中间件，功能如数据管理、数据存储、定位服务、安全服务等共性单元。各单元具有可裁剪与可重构功能，服务层与技术架构等其余部分以标准接口进行交互。数据管理通过驱动传感器单元对数据获取、压缩、共享、目录服务进行管理。定位服务提供静止或移动设备的位置信息，会同底层时间服务功能反映物理世界事件发生的时间和地点。安全服务为传感器网络应用提供认证、加密数据传输等功能。时间同步单元为局部网络、全网络提供时间同步服务。代码管理单元负责程序的移植和升级。

3）基本功能层

基本功能层实现传感器节点的基本功能供上层调用，包含操作系统、设备驱动、网络协议栈等功能。此处网络协议栈不包括应用层。

4）跨层管理

跨层管理提供对整个网络资源及属性的管理功能，各模块及功能描述如下。

①设备管理

能对传感器节点状态信息、故障管理、部件升级、配置等进行评估或管理，为各层协议设计提供跨层优化功能支持。

②安全管理

提供网络和应用安全性支持，包括鉴定、授权、加密、机密保护、密钥管理以及安全路由等。

③网络管理

可实现网络局部的组网、拓扑控制、路由规划、地址分配、网络性能等配置、维护和优化。

④标识

用于传感器节点的标识符产生、使用和分配等管理。

5）硬件层

硬件层由传感器节点的硬件模块组成，包含传感器、处理模块、存储模块和通信模块等，该层提供标准化的硬件访问接口以供基本功能层调用。

（2）路由节点技术参考架构

由于传感器节点也可兼备数据转发的路由功能，因此此处路由节点仅强调设备的路由功能，不强调其数据采集和应用层功能。

（3）传感器网络网关技术参考架构

传感器网络网关除完成数据在异构网络协议中实现协议转换和应用转换外，也包含对数据的处理和多种设备管理功能，技术架构总体上包含了应用层、服务子层、基本功能层、跨层管理和硬件层。但其内部包含的功能模块不同，且网关节点不具备数据采集功能。

1）应用层

位于技术架构顶层，由应用子集和协同数据处理模块组成。应用子集模块与传感器节点类似。协同数据处理模块包含数据融合和数据汇聚，对传感器节点发送到传感器网络网关的大量数据进行处理。

2）服务子层

包含具有共性的服务与管理中间件，传感器网络网关的服务子层除管理自身外，还包括对其他设备的统一管理。服务子层与技术架构其余部分以标准接口进行交互。传感器网络网关在服务子层与传感器节点通用的模块包括数据管理、定位服务、安全服务、时间同步、代码管理等，时间同步和自定位为可选项。另外，还应该具有服务质量管理、应用转换、协议转换等模块，其中服务质量管理为可选项。传感器网络网关在服务子层特有的模块描述如下。

①服务质量管理

服务质量管理是感知数据对任务满意程度的管理，包括网络本身的性能和信息的满意度。

②应用转换

应用转换是将同一类应用在应用层实现协议之间地转换，即将应用层产生的任务转换为传感器节点能够执行的任务。

③协议转换

协议转换是在不同协议的网络间的协议转换。由于传感器网络网关的网络协议栈可以是两套或以上，所以需要完成不同协议栈之间的转换。

3）基本功能层

基本功能层实现传感器网络网关的基本功能供上层调用，包含操作系统、设备驱动、网络协议栈等。此处网络协议栈不包括应用层。传感器网络网关可集成多种协议栈，在多个协议栈之间进行转换，如传感器节点和传输层设备通常采用不同的协议栈，这两者都需要在传感器网络网关中集成。

4）跨层管理

跨层管理实现对传感器网络节点的各种跨层管理功能，主要模块及功能描述如下。

①设备管理

设备管理能够对传感器网络节点状态信息、故障管理、部件升级、配置等进行评估或管理。

②安全管理

安全管理保障网络和应用安全性，包括对传感器网络节点鉴定、授权、机密保护、密钥管理以及安全路由等。

③网络管理

网络管理可实现对网络的组网、拓扑控制、路由规划、地址分配、网络性能等配置、维护和优化。

④标识

标识用于传感器网络节点的标识符产生、使用和分配等管理。

5）硬件层

硬件层是由传感器网络网关的硬件模块组成。该层提供标准化的硬件访问接口以供基本功能层调用。

第二节　物联网智能图像处理

当前的安检系统和手机支付系统中人脸识别技术已经得到了有效利用，极大地提升了人们的生活质量，保障了人身和财产安全。传统的图像检测系统是利用小波算法，这种算法容易受到背景种类和图像边缘噪声的影响，存在检测速度慢、分辨率低、精度差等问题，有时并无法满足当前的图像检测需要。人工智能图像检测系统基于物联网技术的发展，为了保障设计质量，需要加强对人工智能图像检测系统的研究，进而提升图像检测的及时性和精确度。本书从以物联网为基础的人工智能图像检测系统设计思路入手，分析如何设计以物联网为基础的人工智能图像检测系统，希望进一步发挥出物联网技术的优势。

随着我国计算机技术的飞速发展，人工智能技术应运而生，该技术的出现让我国医疗、家居、交通等领域飞快地发展。与此同时，物联网技术也将万事万物连接起来，形成了庞大的数据资源，为人工智能的发展提供了巨大便利，让人工智能的各种质量和工作效果都有不同程度的提升。在图像检测系统中，借助智能人工像素点特征采集技术大大提升了图像检测效率。

一、以物联网为基础的人工智能图像检测系统设计思路

1. 云端图像处理模块的设计思路

在利用物联网技术下的人工智能图像检测系统设计过程中，需要发挥出物联网内部海量的数据资源作用和强大的信息运算能力优势，这样在利用该系统时便可及时、准确、全面地参考数据资源，其中，云端处理图像在物联网和数据资源局中起到衔接的作用，其需要具备以下两个功能：首先，数据信息功能。在设计云端框架的过程中，设计人员要考虑到系统终端采集的特征信息具有较大的存储空间，进而为及时获取信息提供便利，与物联网内部的信息资源分析和比较。其次，调取物联网资源的功能。物联网和终端数据的连接媒介云端，如果不能调取物联网内部的信息资源，将会导致调取物联网信息的能力被限制，也会限制上传图像数据信息分析比较的能力，所以说，调取物联网信息是云端图像处理的一个核心功能。

2. 图像特征采集模块的设计思路

图像特征采集的模块是基于物联网技术的人工智能图像检测系统中的云端平台处理模块，在这个系统下，图像信息采集模块利用了智能人工像素点特征采集技术，在该技术的支持下可以对所选区域的图像源和图像特征进行针对性的采集，通过该措施可以避

免传统图像采集模块中必须上传整幅图像才能采集的弊端，同时可以保证图像分辨率以及利用价值。在图像信息中，主要是由大量的数据载点组成，同时每一个载点的数据信息都有其差异性，所以导致像化因子也不同。像化因子主要是根据不同的排序方式组成像素，并且根据不同的数据信息进行像化组合。所以说，需要根据像化集合数据的信息排列结果采集色差、轮廓以及对比度。在物联网技术下的人工智能图像检测系统对智能人工像素点特征采集技术以及特普勒特征抓算取法进行图像信息的采集，同时在代码中加入了智能人工学习代码，这样该系统就具有特征累积分析能力，对提升系统采集的图像信息灵活性和准确性都有帮助。此外，系统在图像信息采集模块和云端图像处理模块上建立了数据交互协议，为数据信息的上传提供渠道，提升了系统上传图像的信息速度。

3. 人工智能信号图像合成模块设计

工智能信号图像合成模块设计是利用物联网人工智能图像检测系统的数据结果输出模块，这种模块的设计作用在于处理云端架构平台下的物联网分析回馈结果，其主要是利用图像编码进行处理，具有分析图像数据信息和还原图像的功能。同时，在人工智能信号图像合成模块中利用数据信号出入通道以及图像转换通道，在人工智能技术下实现两个通道的数据交换。其中，这两个通道的数据都是单向数据形式，也就是从数字信号到图像信号的单向转换。此外，在该系统下还利用了捆绑写入技术，使得代码的计算能力、学习能力和灵活性都得到提升，让整个图像系统具有更高效率的图像识别能力。

二、以物联网为基础的人工智能图像检测系统的设计

在利用物联网技术构建智能图像检测系统整体框架的过程中，进行图像检测包括三个大的版块，即图像分析模块、特征采集模块以及整合图像模块，具体来说，在图像分析处理环节，主要是中转和调取物流网中的内部信息，对于特征采集来说就是提取图像特征，而整合图像模块就是对系统输出的数字信号重组，进而生成图像和完成图像检测，最终生成在物联网下的人工智能图像检测系统。

1. 图像分析模块

在检测图像的过程中，需要借物联网强大的图像信息处理能力，对图像深入的分析和处理，在该环节需要利用某个媒介对物联网传输的终端数据传递，需要搭建数据中转站。之所以要搭建中转站是出于以下两个方面的考虑：首先，在存储图像检测系统中的终端获得待检测图像，这样做不仅可以对信息保留，还可以随时使用，技术人员可以对存储的图像对比处理。其次，在该模块下具有调取物联网图像的作用，这个功能十分关键。在具有以上两个功能之后，基本完成了图像分析模块设计。在图像分析模块中，核心技术为智能数据架构，无论是数据存储还是数据计算，都具有强大的动态处理能力，并且在交互物联网的过程中准确率、耦合性都可以达到预期效果。

此外，结构空间对图像分析模块的交互数值也会产生影响，这个问题需要在分析图模块的交互数值中加以重视。因此，在编译这个算法的过程中，还需要利用到语法对数据的动态修改，在这一过程中，还需要利用到一些动态参数和权限信息。对图像采集以及实现物联网图像信息交互的过程中，需要对该模块的流程图明确，这样技术人员就会明确分析图像的实质，就是对终端采集的数据存储和对物联网数据资源的调取，然后分析和向终端回馈结果。

2. 特征采集模块

在分析图像检测模块中的图像分析模块时，设计的主要目的是满足图像采集的相关特征，所以说成功采集图像特征是满足系统正常运行的关键。相较于传统的图像信息采集技术，目前采用像素点特征可以提升采集数据的准确性，随着对目标区域的特征数据成功采集，需要对这些数据进行优化，将多余的部分去除，这样可以避免与其他垃圾数据因为检测问题从而导致误差。对于一个完整的图像来说，其组成的基本单元是数以万计的像素点。同时，每一个像素点都还有其特定的数据信息，对于不同的数据信息来说，可以呈现出不同的图像。从像素的角度分析，原色素和灰度是其基本的编码，可以将这些编码视为经过像化处理过的集合，包括了原有图像色差和对比度的其他信息，在这些差异的影响下导致图像出现了不同的轮廓。换个角度讲，这些不同的像素信息，在组成图像后视觉与色彩上有十分显著的差异，技术人员也可以根据差异性检测出需要的图像信息。对于特普勒图像特征算法进行利用，抓取图像特征信息的过程中也会体现出差异性小的特点，所以说，这种算法在抓取图像上具有一定的深度，可以显著的反映人工智能特征。此外，在图像采集模块中，需要设计出具有学习能力的代码，进而让模块也具有深度，提升图像的分析能力和图像特征采集的准确程度。经过上述操作，图像检测系统的模块设计基本完成。需要指出的是，在图像特征采集和分析图像期间，需要建立数据传输协议，进而为数据的准确性和时效性提供保障。

3. 整合图像模块

在整合图像模块的设计中，需要对两个通道进行设计，其一是输入什么样的信号，这个信号是单向的，只能让数字信号输入，然后向图像信号转换；其二是数字信号向图像信号的转换，进而完成图像整合与设计。

第三节　物联网海量数据存储

在处于信息时代的今天，物联网技术的应用和发展如火如荼，在构建智慧城市和智慧社会中起着举足轻重的作用。本节针对物联网所涉及的海量数据，提出了基于 HBase 的数据存储方案，从物联网海量数据存储系统的角度对其进行了设计和实现，以便为海量的数据处理提供良好的安全保障。

在云平台和 NoSQL 数据库中，采用 HBase 构建物联网海量数据的存储方案，为海量数据的高效处理和智能化应用提供了有力支持。

一、相关理论技术介绍

HBase 是 Googie Big Tabie 的开源实现，适合于非结构化数据存储的数据库，是一个面向列存储、高性能的分布式存储系统。

1. HBase 系统架构

在系统架构上，HBase 遵循主从模式，即 HBase 主服务器和 HRegion Servero 主服务器为 HMaster，主要处理客户端发来的连接请求，同时管理和监听 HRegion Server 的工作状态；而 HRegion Server 是 HBase 系统架构中的核心模块，主要负责监听和处理用户的 I/O 请求，在工作中具有很强的伸缩性和可扩展性。

2. HBase 数据模型

HBase 的数据模型类似于 BigTable，其映射表的索引是由行关键字、列关键字和时间戳组成，时间戳用于标识 HBase 中数据的更新。在 HBase 中，一张表的结构可通过行键、时间戳和列簇来描述，列簇的基本结构为列（column）和值（value）来组成，行键（Rowkey）是表（Table）的主键。在具体存储上，所有的数据都是以二进制的形式存储，这样外部程序进行读取时，人们可以根据实际需要进行数据格式的转换。

二、基于 HBase 的物联网数据存储系统的设计

1. 整体框架

基于 HBase 的数据存储中心整体框架设计由注册节点、解析节点和存储节点三部分构成。在物联网环境下，传感器、RFID 及智能电子设备等通过网络环境首先将数据传输到注册节点，注册节点对这些外部的数据进行注册，同时提取元数据信息（比如数据类型、采集物体 ID 等）进行保存，然后将数据以特定封装格式交给信息技术解析节点，由解析节点对其进行解析；解析节点依据注册节点的元数据信息，在数据类型和存储列簇之间建立映射关系，保证一一对应，解析处理完成后，交由存储节点进行存储；存储节点以集群的方式，保证一份数据在多个节点上存储，每个节点类似于 HDFS 下的 Data Node，从而满足了冗余和容错特性，保证了数据的安全可靠性。

2. 模块流程设计

在工作流程上，存储系统的各模块之间按一定的流程进行交互。存储系统主要用来存放物联网相关设备采集到的海量数据，或者海量数据处理系统处理后的数据。不管是

采集到的数据还是处理加工后的数据，要实现在存储系统中进行存储，首先需要传输给注册节点，通过注册节点的一系列处理，然后将其传输给解析节点，再经过解析节点的系列处理，最后通过存储节点以数据冗余的形式保存的各个存储节点中。

三、基于 HBase 的物联网数据存储系统的实现

1. 存储中心的实现

（1）注册模块

注册模块对外界传输进来的数据进行分析，提取数据的元数据信息，然后保存到数据库中。为了保证正常工作，防止出现单点故障，在设计上注册模块由主注册服务器和 Standby Node 注册服务器组成 Stubby4Node 注册服务器，定时与主注册服务器通信，检测主注册服务器的工作状态，随时待命接管主注册服务器的工作，除此之外，Standby Node 注册服务器还会从主注册服务器上下载元数据信息做定期保存。

（2）解析模块

解析模块负责对数据信息解析，其工作包括判断数据是否已注册，同时标注数据类型，根据数据类型匹配资源池中的列簇，建立映射后将其保存到数据库中。资源池中存放已经创建好的一定数量的对象列簇，根据实际需要直接从池中去取，这样可以节省创建对象列簇的开销，也提高了效率。

（3）存储模块

存储模块根据解析模块传输的数据进行存储，以冗余分散的形式存储在多个存储节点中。当然为了提高查询效率，HBase 数据表的设计和行键的设计至关重要。在该模块中，可以定义存储过程，直接将数据按条目 put 到 HBase 表中，同时定义相应的方法，获得表名，按月分表。

（4）元数据模块

元数据模块记录数据的详细处理信息，以反映数据在存储系统中进行处理的具体细节，最后保存在特定关系型数据库中。当然，该模块提供了与注册模块、解析模块和存储模块交互的良好接口。

（5）主备节点通信模块

在存储系统的设计中，由于注册节点和解析节点主要承担数据的分析判断和持久化工作，所以对整个系统而言非常重要，为了保证存储系统的正常工作，注册节点和解析节点均使用主节点和备节点设计模式，一旦主节点发生故障，备节点 Standby Node 立马切换接替主节点进行工作。

2. 存储中心的优势分析

由于 HBase 本身的特性和优势，特别适合物联网下海量数据的存储和管理。在存储中心中，通过注册节点、解析节点和存储节点的联动机制，保证了海量数据存储的高效性，且满足物联网存储中心所需的扩展性、灵活性、可靠性和可用性。

第四节　数据融合技术

随着计算机技术、通信技术的快速发展，作为数据处理的新兴技术——数据融合技术，在近年来取得惊人发展并已进入诸多应用领域。

一、数据融合的基本概念

数据融合技术是指利用计算机对按时序获得的若干观测信息，在一定准则下加以自动分析、综合，以完成所需的决策和评估任务而进行的信息处理技术。

数据融合技术，包括对各种信息源给出的有用信息的采集、传输、综合、过滤、相关及合成，以便辅助人们进行态势/环境判定、规划、探测、验证、诊断。

二、数据融合技术在物联网中的应用

数据融合与多传感器系统密切相关，物联网的许多应用都用到多个传感器或多类传感器构成协同网络。在这种系统中，对于任何单个传感器而言，获得的数据往往存在不完整、不连续和不精确等问题。而利用多个传感器获得的信息进行数据融合处理，对感知数据按照一定规则加以分析、综合、过滤、合并，组合等处理，可以得到应用系统更加需要的数据。

因此，数据融合的基本目标是通过融合方法对来自不同感知节点、不同模式、不同媒质、不同时间和地点以及不同形式的数据进行融合后，从而得到对感知对象更加精确、精炼的一致性解释和描述。

另外，数据融合需要结合具体的物联网应用寻找合适的方式来实现，除了上述目标，还能节省部署节点的能量和提高数据收集效率等。目前，数据融合技术已经广泛应用于工业控制、机器人、空中交通管制、海洋监视和管理等多传感器系统的物联网应用领域中。

三、数据融合的种类

数据融合一般有三类，即数据级融合、特征级融合、决策级融合。

1.数据级融合

数据级融合是直接在采集到的原始数据层上进行的融合，在各种传感器的原始测报未经预处理之前就进行数据的综合与分析。

数据级融合一般采用集中式融合体系进行融合处理过程，这是低层次的融合。例如，成像传感器中通过对包含若干像素的模糊图像进行图像处理，从而确认目标属性的过程，就属于数据级融合。

2.特征级融合

特征级融合属于中间层次的融合，它先对来自传感器的原始信息进行特征提取（特征可以是目标的边缘、方向、速度等），然后对特征信息进行综合分析和处理。

特征级融合的优点在于实现了可观的信息压缩，有利于进行实时处理，并且由于所提取的特征直接与决策分析有关，因而融合结果能最大限度地给出决策分析所需要的特征信息。

3.决策级融合

决策级融合通过不同类型的传感器观测同一个目标，每个传感器在本地完成基本的处理，其中包括预处理、特征抽取、识别或判决，以建立对所观察目标的初步结论，然后通过关联处理进行决策级融合判决，最终获得联合推断结果。

四、数据挖掘与数据融合的联系

数据挖掘与数据融合既有联系，又有区别。它们是两种功能不同的数据处理过程，前者发现模式，后者使用模式。

二者的目标、原理和所用的技术各不相同，但功能上相互补充，将二者集成可以达到更好的多源异构信息处理效果。

第五章　物联网技术的综合应用

物联网的本质就是把新一代信息技术充分运用在各行各业之中，将物联网与现有的互联网进行整合，通过将传感器装备到电网、铁路、桥梁、隧道、公路，供水系统等各种物体中，实现人类社会与物理系统的整合。在这个整合的网络中，存在能力超级强大的中心计算机群，能够对网络内的人员、机器、设备和基础设施实施实时的管理和控制。

虽然全物联网应用还没有完全实现，但物联网技术早已应用在传感、通信、智能方面的设备中。智能交通、智能物流、智慧城市、智能工业，智能农业等对物联网的大胆尝试和运用，无一不渗透着对物联网的诠释。所谓的"智能"是指从现场自动获取信息，然后与网络相连，随时把采集的信息通过网络传输到管理中心或平台，从系统的角度进行分析和判断，然后进行实时调整，从而实现流程的自动化、信息化和网络化；而对于"智慧"的理解，则是在"智能"的基础上实现流程的人性化。

物联网前景非常广阔，它将极大地改变目前的生活方式。本章重点介绍物联网的几种典型应用，包括各个应用系统的概述、组成和主要支撑技术。物联网规模的发展需要与智能化系统化产业融合，从这些智能化产业的应用可以看出物联网其实早已默默来到我们的生产和生活中，当然它也还将继续高调强攻，迅速渗透，未来物联网的应用将无处不在。

第一节　物联网技术在交通系统中的应用

自 19 世纪末内燃机诞生之后，汽车工业得以迅速发展。如今人们在享受汽车带来的巨大便利的同时，越来越严重的交通拥挤、堵塞和环境污染问题也引起了人们的注意，尤其是高速交通的发展，恶性交通事故严重地制约了经济的可持续发展，迫使人们采用高、新技术以解决道路交通的诸多问题。作为以上问题解决之道的智能交通系统是未来交通运输系统的重要发展方向，已被世界各国重视。

智能交通系统（ITS）是将物联网先进的信息通信技术、传感技术、控制技术以及计算机技术等有效地运用于整个交通运输管理体系，而建立起的一种在大范围内、全方位发挥作用，实时、准确、高效的综合运输和管理系统，其突出特点是以信息的收集、处理、发布、交换、分析、利用为主线，为交通参与者提供多样性的服务。各种交通信息传感器，将感知到车流量、车速、车型、车牌、车位等各类交通信息，通过无线传感器网络传送到位于高速数据传输主干道上的数据处理中心进行处理，分析出当前的交通状况。通过物联网的交通发布系统为交通管理者提供当前的拥堵状况、交通事故等信息来控制交通信号和车辆通行，同时发布出去的交通信息将影响人的行为，实现人与路的互动。

智能交通系统的功能主要表现在顺畅、安全和环境方面，具体表现为：增加交通的机动性，提高运营效率，提高道路网的交通能力，提高设施效率，调控交通需求；提高交通的安全水平，降低事故的可能性，减轻事故的损害程度，防止事故后灾难的扩大；减轻堵塞，降低汽车运输对环境的影响。

智能交通系统的主要目标是实现汽车与道路的功能智能化，从而保证交通安全、提高交通效率、改善城市环境、降低能源消耗，将先进的交通理论与高新技术集成并运用于道路交通的整个过程，使得车、路、人相互影响，相互联系，融为一体。系统通过智能化地收集、分析交通数据，以便将交通信息反馈给系统操作者或驾驶员。系统操作者或者驾驶员根据反馈的交通信息，迅速做出反应以改善交通状况。智能交通系统强调的是系统性、实时性、信息交互性以及服务的广泛性，与原来的交通管理和交通系统有本质的区别。

20世纪八九十年代中期是智能交通系统（ITS）的发展阶段。西欧、北欧和日本竞相发展智能运输系统，成立了许多制订、实施开发计划的机构，其中包括美国的智能输系统协会ITS America，欧洲共同体的交通信息与控制组织ERTICO，日本的路车交通智能协会以及智能运输系统国际标准化机构ISO/TC204等。从20世纪90年代中期到现在，智能交通系统（ITS）研究已进入一个新的阶段。

我国非常重视对智能交通系统的研究，在交通运输管理中应用了通信和电子技术。全国大部分城市都建立了信号控制系统和交通指挥中心，对本地的交通状况进行管理和控制，为监视和快速处理城市交通拥堵和突发事件发挥了重要作用。高速公路沿线也建立了通信和监控系统、电子收费系统和IC卡收费系统，部分高速公路已实现了不停车自动收费。这些都是我国在智能化交通系统领域研究方面取得进步的表现。

一、智能交通系统概述

智能交通系统是一个复杂的综合性信息服务系统，主要着眼于交通信息的广泛应用与服务，以提高交通设施的运行效率。从系统组成的角度，智能交通系统（ITS）可以分成以下10个子系统：先进的交通信息服务系统，先进的交通管理系统、先进的公共交通系统、先进的车辆控制系统、货物运输管理系统、电子收费系统、紧急救援系统、运营车辆调度管理系统、智能停车场和旅行信息服务。

1. 先进的交通信息服务系统（ATIS）

ATIS 是建立在完善的信息网络基础上的。交通参与者通过装备在道路上、车上、换乘站上、停车场上以及气象中心的传感器和传输设备，向交通信息中心提供各地的实时交通信息；ATIS 得到这些信息并通过处理后，实时向交通参与者提供道路交通信息、公共交通信息、换乘信息、交通气象信息、停车场信息以及与出行相关的其他信息；出行者根据这些信息确定自己的出行方式，选择路线。更进一步，当车上装备了自动定位和导航系统时，该系统可以帮助驾驶员自动选择行驶路线。

随着信息网络技术的发展，科学家们已经提出将 AITS 建立在因特网上，并采用多媒体技术，这将使 AITS 的服务功能大大加强，交通工具将成为移动的信息中心和办公室。

2. 先进的交通管理系统（ATMS）

ATMS 有一部分与 ATIS 共用信息采集、处理和传输系统，但是 ATMS 主要是供交通管理者使用，用于检测控制和管理公路交通，在道路、车辆和驾驶员之间提供通信联系。它将对道路系统中的交通状况、交通事故、气象状况和交通环境进行实时的监视，依靠先进的车辆检测技术和计算机信息处理技术，获得有关交通状况的信息，并根据收集到的信息对交通进行控制，如信号灯、发布诱导信息、道路管制、事故处理与救援等。

3. 先进的公共交通系统（APTS）

APTS 的主要目的是采用各种智能技术促进公共运输业的发展，使公交系统实现安全、便捷、经济、运量大的目标。如通过个人计算机、闭路电视等向公众就出行方式和事件、路线及车次选择等提供咨询，在公交车站通过显示器向候车者提供车辆的实时运行信息。在公交车辆管理中心，可以根据车辆的实时状态合理安排发车、收车等计划，提高工作效率和服务质量。

4. 先进的车辆控制系统（AVCS）

AVCS 的目的是开发帮助驾驶员实行对车辆控制的各种技术，通过车辆和道路上设置的情报通信装置，实现包括自动车驾驶内的车辆辅助驾驶控制系统。从当前的发展来看，可以分为两个层次：①车辆辅助安全驾驶系统；②自动驾驶系统。

车辆辅助安全驾驶系统有以下几个部分：车载传感器、微波雷达、激光雷达、摄像机、其他形式的传感器、车载计算机和控制执行机构等。行驶的车辆通过车载的传感器测定出与前车、周围车辆以及与道路设施的距离和其他情况，车载计算机进行处理并对驾驶员提出警告，在紧急情况下强制车辆制动。

装备了自动驾驶系统的汽车也被称为智能汽车，它在行驶过程中可以做到自动导向、自动检测和回避障碍物，在智能公路上其可以在较高的车速下自动保持与前车的距离。但是智能汽车只有在智能道路上使用才可以发挥其全部功能，如果在普通公路上使用，它仅仅是一辆装备了辅助安全驾驶系统的汽车。

5. 货物运输管理系统（FTMS）

FTMS 在这里指以高速道路网和信息管理系统为基础，利用物流理论进行管理的智能化的物流管理系统。其可以综合利用卫星定位、地理信息系统、物流信息及网络技术有效组织货物运输，提高货运效率。

6. 电子收费系统（ETC）

ETC 是世界上最先进的路桥收费方式。它通过安装在车辆挡风玻璃上的车载器与在收费站 ETC 车道上的微波天线之间的微波专用短程通信，利用计算机联网技术与银行进行后台结算处理，从而达到车辆通过路桥收费站无须停车而能缴纳路桥费的目的。在现有的车道上安装电子不停车收费系统，可以使车道的通行能力提高 3~5 倍。

7. 紧急救援系统（EMS）

EMS 是一个特殊的系统，它的基础是 ATIS、ATMS 和有关的救援机构和设施，通过 ATIS 和 ATMS 将交通监控中心与职业的救援机构联成有机的整体，为道路使用者提供车辆故障现场紧急处置、拖车、现场救护，排除事故车辆等服务。其主要功能包括：①车辆信息查询，车主可以通过互联网、电话、短信、联网智能卡等多种服务方式了解车辆具体位置和行驶轨迹等信息。②车辆失盗处理，系统可以对被盗车辆进行远程断油锁电操作，并追踪车辆位置。③车辆故障处理，车辆发生故障时，系统自动发出求救信号，通知救援机构进行救援处理。

8. 运营车辆调度管理系统（CVOM）

该系统通过汽车的车载电脑、高度管理中心计算机与全球定位系统卫星联网，实现驾驶员与调度管理中心之间的双向通信，来提高商业车辆、公共汽车和出租汽车的运营效率。该系统通信能力极强，可以对全国乃至更大范围内的车辆实施控制，行驶在法国巴黎大街上的 20 辆公共汽车和英国伦敦的约 2500 辆出租汽车已经在接受卫星的指挥。

9. 智能停车场

智能停车场管理系统是现代化停车场车辆收费及设备自动化管理的系统，是将停车场完全置于计算机系统统一管理下的一种非接触式、自动感应、智能引导、自动收费的停车场管理系统。系统以 IC 卡或 ID 卡等智能卡为载体，通过智能设备使感应卡记录车辆及持卡人进出的相关信息，同时对其接受的信息加以运算、传送并通过字符显示、语音播报等将人机界面转化成人工能够辨别和判断的信号，从而实现计时收费、车辆管理等自动化功能。智能停车场管理系统一般分为三大部分：信息的采集与传输、信息的处理与人机界面、信息的存储与查询。根据使用目的，智能停车场管理系统可实现三大功能：对停车场内的车辆进行统一管理及看护，对车辆和持卡人在停车场内流动情况进行图像控制，定期保存采集的文字信息以供交管部门查询。

随着科技的不断更新，智能停车场的功能也不断增加。最新的智能停车场具有独立的网络平台，且与宽带网相连，终端接口多、容量大、可存储图像和数字化影像，使用灵活方便，更人性化。其优势主要表现在：①支持多种收费模式，包括支持大型停车场惯用的集中收费模式和通行的出口收费模式。②多种停车凭证，包括 ID、条码纸票、远距离卡，用于满足各种用户需求。③多种付费方式，包括现金缴费、城市一卡通、银行IC 卡、手机钱包等。④高等级系统运行维护，即系统软件自动升级、故障自动报警、出入口灵活切换，在高峰期灵活切换通道入口和出口，以解决高峰期拥堵问题。⑤多种防盗措施，包括车牌识别、图像对比、双卡认证等。⑥车位引导，包括停车场空车位引导功能、空余车位显示。⑦强大的报表生成器，用于灵活生成贴近用户需求的多种规格报表。⑧停车彩铃，不同车辆、不同日期实现个性化语音播报，让车主开心停车等。

10. 旅行信息服务

旅行信息系统是专为外出旅行人员及时提供各种交通信息的系统。该系统提供信息的媒介是多种多样的，如计算机、电视、电话、路标、无线电、车内显示屏等，任何一种方式都可以实现。无论你是在办公室、大街上、家中、汽车上，只要采用其中任何一种方式，都能从信息系统中获得所需要的信息。有了该系统，外出旅行者就可以眼观六路、耳听八方了。

二、智能交通系统的关键技术

实现智能交通系统的关键技术除了传统的网络技术和通信技术，还包括以下 4 种技术。

1. 车联网技术

车联网建模是指利用装载在车内和车外的感知设备，通过无线射频等识别技术，获取所有车辆及其环境的静、动态属性信息，再由网络传输通信设备与技术进行信息交换和通信，最终经智能信息处理设备与技术对相关信息进行处理，根据不同的功能需求对所有车辆的运行状态进行有效的监管和提供综合服务的高效能、智能化网络。

车联网建模是物联网技术在智能交通中的应用。车联网系统发展主要通过传感器技术、开放智能的车载终端系统平台、无线传输技术、语音识别技术、海量数据处理技术以及数据整合等技术相辅相成配合实现。在国际上，欧洲的 CVIS、美国的 IVHS、日本的 VICS 等系统通过车辆和道路之间建立有效的信息通信，已经实现了智能交通的管理和信息服务。

2. 云计算技术

云计算技术为智能交通中海量信息的存储、智能计算提供了重要的使能技术与服务。云计算是一种基于互联网的新一代计算模式和理念。云计算通过互联网提供、面向海量信息处理，把大量分散、异构的 IT 资源和应用统一管理起来，组成一个大的虚拟资源池，通过网络以服务形式按需提供给用户。

云计算的特点之一是分散资源集中使用。与传统互联网数据中心（IDC）相比，云计算比较容易平稳整体负载，极大地提高了资源利用率，其弹性伸缩的运行环境提高了业务的灵活度。云计算的另一个特点是集中资源分散服务，把 IT 资源、数据、应用作为服务通过网络、按需提供给用户。

3. 智能科学技术

智能科学技术是研究智能的本质和实现技术，是由脑科学、认知科学、人工智能等综合形成的交叉学科。脑科学从分子水平、细胞水平、行为水平研究自然智能机理，建立脑模型，揭示人脑的本质；认知科学是研究人类感知、学习、记忆、思维、意识等人脑心智活动过程的科学；人工智能研究用人工的方法和技术，模仿、延伸和扩展人的智能，实现机器智能。通过多学科的交叉、融合，不仅从功能上进行仿真，而且从机理上研究、探索智能的新概念、新理论、新方法，最终达到应用的目的。

当前，具有重要应用的智能科学关键技术包括主体技术、机器学习与数据挖掘、语意网格和知识网格、自主计算、认知信息学和内容计算等。

智能科学为智能交通提供智慧的技术基础，支持对智能交通中海量信息的智能识别、融合、运算、监控和处理等功能。

4. 建模仿真技术

建模仿真技术是一门多学科的综合性技术，它以控制论、系统论、相似原理和信息技术为基础，以计算机系统和物理效应设备及仿真器等专用设备为工具，结合研究目标，建立并运行模型，对研究对象进行动态试验、运行、分析、评估认识与改造的一门综合性、交叉性技术。

仿真由 3 类基本活动组成：建立研究对象模型，建立并运行仿真系统，分析与评估仿真结果。建模仿真技术对智能交通各功能领域和运营活动进行建模仿真研究、试验、分析和论证，为智能交通体系的构建和各类业务项目实施运行提供决策依据和不可或缺的关键技术支撑。

智能交通是一个综合性的系统工程。在智能交通建设过程中，还涉及统一的标准，需要系统工程技术、高性能计算技术、数据安全技术和各种应用技术等技术支撑。

三、智能交通系统技术实现

1. 智能交通系统总体架构

物联网应用层是基于信息开展工作的，通过将信息以多样的方式展现到使用者面前，供决策、供服务、供业务开展。

智能交通应用系统可分成：应用子系统、信息服务中心和指挥控制中心三部分。其中，应用子系统包括交通信息采集系统、信号灯控制系统、交通诱导系统、停车诱导系统；信息服务中心包括远程服务模块、远程监测模块、前期测试模块、在线运维模块、数据交换模块和咨询管理模块六部分；指挥控制中心包括交通设施数据平台、交通信息数据平台、GIS 平台、应用管理模块、数据管理模块、运行维护模块和信息发布模块。

2. 智能交通应用系统架构

应用子系统实现各职能部门的专有交通应用；信息服务中心以前期调测、远程运维管理和远程服务为目的，根据数据交换平台实现与应用子系统的数据共享，通过资讯管理模块实现信息的发布、用户和业务的管理等；指挥控制中心以 GIS 平台为支撑，建立部件和事件平台，部件主要指代交通设施，事件主要指代交通信息，通过对各应用子系统的管理，以实现集中管理为目的，具有数据分析、数据挖掘、报表生成、信息发布和集中管理等功能。

四、智能交通系统功能体现

智能交通系统的功能主要体现在以下八个方面。

①拥有先进的智能指挥控制中心，具有交通信息的实时自动检测、监视与存储功能，应具有兼容、整合不同来源交通信息的能力。②对所采集到的交通信息进行分级集中处理，具有对道路现状交通流进行分析、判断的能力，应能对道路交通拥挤具有规范的分类与提示，包括常发性交通拥挤、偶发性交通事件、地面和高架道路上存在的交通问题以及交通事故等，并具有初步的交通预测功能。③在发现交通异常时，能够及时向相关交通管理人员报警、提示。④具有多种发布交通信息的能力，以调节、诱导或控制相关区域内交通流变化。发布的内容可以是交通拥挤，交通事故等信息。⑤能够接受交通管理人员的各类交通指令，并在接受指令后能及时做出正确反应，基本达到预设效果，能够为交通管理人员提供处理常见交通问题的决策预案和建议。⑥具有大范围的信息采集、汇总、处理能力，具有稳定、可靠的软硬件设施配置和运行环境。同时，在相关的节点应能够进行协调，所采集的信息经处理后，具有与其他相关机构、部门的信息系统相互进行信息共享、交换的能力。⑦信息采集与发布系统应具有故障自检功能，使系统的运行管理人员能及时了解外场设备状况，并具有及时检查、维护这些设施的能力。⑧系统可实现私人交通服务、公众交通服务和商务交通服务，从而达到可运营的目的。

作为物联网产业链中的重要组成部分，智能交通具有行业市场成熟度较高、行业传感技术成熟、政府扶持力度大的特点，在许多城市已经开始规模化应用，市场前景广阔，投资机会巨大，将成为未来几年物联网产业发展的重点领域。

在智能交通领域，无锡物联网产业研究院研发了智能停车场系统、城市交通诱导系统和智能红绿灯控制系统等智能交通产品。另外，为了更好地确保上海世博会期间的车辆安全，上海电信将物联网技术应用到世博会的交通监控上，该系统以视频与传感技术结合的方式，通过对烟雾、振动和加速度等元素的控制，可以实现对车辆的车速、开关门、急刹车、碰撞、侧翻、超速、越界等情况进行实时监控，还可以对危险物品进行监测，由中兴通讯为上海电信建设的该物联网系统已经在世博会开幕之前投入运营应用。

当前，许多城市都已经采用信息化手段改进城市交通，并取得了一定的社会和经济效益。但随着城市的飞速发展和车辆保有量的高速增长，交通问题仍然日益严重。为了促进智能交通系统的发展和应用，各个部分的关键理论和技术的科研攻关成为科研学术团体面临的重大挑战。其中，智能公路是智能交通系统发展的一个重要目标。智能公路是建有通信系统、监控系统等基础设施，并对车辆实施自动安全检测、发布相关的信息以及实施实时自动操作的运行平台。智能公路系统可显著提高公路的通行能力和服务水平，使车流量增大 2~3 倍，行车时间缩短 35%~50%；可以极大地提高安全性，预防和避免交通事故、降低并排除人为错误及驾驶员心理因素的消极影响。智能公路是智能交通的最高形式和最终归宿，代表着未来公路交通的发展方向，前景是美好的，但同时是技术难度最大、涉及面最广、最具挑战性的领域。

第二节　物联网技术在物流领域的应用

一、智能物流概念

智能物流是指物联网在物流领域的应用，它是指在物联网的广泛应用的基础上利用先进的信息管理、信息处理技术、信息采集技术、信息流通等技术，完成将货物从供应者向需求者移动的整个过程，其中包括仓储、运输、装卸搬运、包装、流通加工、信息处理等多项基本活动的过程。

智能物流的智能性体现在：实现监控的智能化，主动监控车辆与货物，主动分析、获取信息，实现物流全程监控；实现企业内、外部数据传递的智能化，通过互联网等技术实现整个供应链的一体化；实现企业物流决策的智能化，通过实时的数据监控、对比分析，对物流过程与调度的不断优化，对客户个性化需求的及时响应；在大量基础数据和智能分析的基础上，实现物流战略规划的建模、仿真、预测，确保未来物流战略的准确性和科学性。智能物流体现了智能化、一体化、社会化、柔性化的特点。

物流行业不仅仅是国家十大产业振兴规划的其中一个，也是信息化及物联网应用的重要领域。它的信息化和综合化的物流管理、流程监控不仅能为企业带来物流效率提升、物流成本控制等效益，也从整体上提升了企业以及相关领域的信息化水平，从而达到带动整个产业发展的目的。

物联网技术是信息技术的革命性创新，现代物流业发展的主线是基于信息技术的变革，物联网必将带来物流配送网络的智能化，带来敏捷智能的供应链变革，带来物流系统中物品的透明化与实时化管理，实现重要物品的物流可追踪管理。随着物联网的不断发展，智能物流将会有更广阔的发展前景。

二、智能物流特征与结构

智能物流涵盖数据库、数据挖掘、自动识别及人工智能（AI）等技术，具有智能化、柔性化、一体化、社会化等特点。智能物流的智能化体现在：实时监控运载车辆与货物，实时获取、主动分析信息，实现监控的智能化；通过电子数据交换（EDI）等技术实现供应链的柔性化和一体化，实现企业内外部数据传递的智能化；通过对实时数据进行实时监控和对比分析，智能物流是利用条形码、集成智能化技术、射频识别技术、传感器、全球定位系统等先进的物联网技术通过信息处理和网络通信技术平台广泛应用于物流业运输、仓储、配送、包装、装卸等基本活动环节，使物流系统能模仿人的智能，具有思维、感知、学习、推理判断和自行解决物流中某些问题的能力，实现货物运输过程的自动化运作和高效率优化管理，提高物流行业的服务水平，降低成本，减少自然资源和社会资源的消耗。

物联网技术是以传感网、数据融合分析系统、智能决策系统等为特征的延长和增强人类认知功能的方法体系，它主要由传感网、通信网、决策层组成，物联网的核心是物联、互联、智能。智能物流系统应当是能够准确地采集物流车辆、货物、仓储等信息，又能与相关的网络资源互联互通，能够智能的分析客户的需求、规划物流方案、优化匹配运力等，又辅助实现物流服务的网络化和电子化交易。

因此，基于物联网技术的智能物流系统包括以下三个系统。

1. 智能物流管理系统

通过互联网、RFID 技术、移动互联网、卫星定位技术等的运用，广泛建立包括订单处理、货代通关、库存设计、货物运输和售后服务等信息系统，最终实现客源优化、货物流程控制、数字化仓储、客户服务管理和货运财务管理的信息支持。

2. 物流电子商务系统

物流电子商务就是利用网络技术和电子支付系统等，实现物流服务的电子化、网络化、虚拟化交易，为物流服务提供方实现收益。

3. 智能交通系统

智能交通系统可以为智能物流系统提供道路动态交通信息、车辆位置信息、ETC 不停车系统、道路应急处理系统等，主要是确保车辆高效的畅行和实时监控车辆位置运动状态。

三、智能物流的四大特性

1. 物流信息的开放性、透明性

大量信息技术的应用，海量物流信息的数据处理能力，以及物联网的开放性，使智能物流系统创建了一个开放性的管理平台和运营平台，这个平台提供精准完善的物流服务，为客户提供产品市场调查、分析、预测，产品采购和订单处理等。

2. 物联网方法体系的典型应用

物联网的核心是物联、互联和智能，体现在智能物流系统上是：通过 RFID 技术、GPS 技术、视频监控、互联网等技术实现对货物、车辆、仓储、订单的动态实时可视化管理，利用数据挖掘技术对海量数据进行融合分析，最终实现智能化的物流管理和高效精准的物流服务。

3. 物流与电子商务的有机结合

电子商务充分利用互联网和信息技术消除了信息的不对称，消除了制造商、渠道商和消费者之间的隔阂。

4. 配送中心成为物流、商流和信息流的汇集中心

将原有的物流、商流和信息流"三流分立"有机地结合在一起，畅通、准确、及时的信息才能从根本上保证商流和物流的高质量和高效率。

物流业将传统物流技术与智能化系统运作管理相结合提供了一个很好的平台，智能物流的未来发展主要体现出 4 个特点：在物流作业过程中的大量运筹与决策的智能化；以物流管理为核心，实现物流过程中运输、存储、包装和装卸等环节的一体化和智能物流系统的层次化；智能物流的发展会更加突出"以顾客为中心"的理念，根据消费者需求变化来灵活调节生产工艺；智能物流的发展将会促进区域经济的发展和世界资源优化配置，实现社会化。

智能物流在实施过程中强调的是物流过程数据智慧化、网络协同化和决策智慧化。智能物流系统的 4 个智能机理包括信息的智能获取技术、智能传递技术、智能处理技术和智能运用技术。智能物流在功能上要实现 6 个"正确"，即正确的货物、正确的数量、正确的地点、正确的质量、正确的时间、正确的价格；在技术上要实现：物品识别、地点跟踪、物品溯源、物品监控、实时响应。

物流企业一方面，可以通过对物流资源进行信息化优化调度和有效配置，来减少物流成本；另一方面，物流过程中加强管理和提高物流效率，以改进物流服务质量。然而，随着物流的快速发展，物流过程越来越复杂，物流资源优化配置和管理的难度也随之提高，物资在流通过程各个环节的联合调度和管理更重要，也更复杂。我国传统物流企业的信息化管理程度还比较低，无法实现物流组织效率和管理方法的提升，阻碍了物流业的发展。要实现物流行业长远发展，就要实现从物流企业到整个物流网络的信息化、智能化，因此，发展智能物流成为必然。

四、智能物流系统的关键技术

实现智能物流系统的关键技术除传统的网络技术和通信技术以外，还包括自动识别技术、数据挖掘技术、人工智能技术和 GIS 技术。

1. 自动识别技术

自动识别技术是以计算机、光、机、电、通信等技术的发展为基础的一种高度自动化的数据采集技术。它通过应用一定的识别装置，自动地获取被识别物体的相关信息，并提供给后台的处理系统来完成相关后续处理的一种技术。它能够帮助人们快速而又准确地进行海量数据的自动采集和输入，在运输、仓储、配送等方面已得到广泛的应用。经过多年的发展，自动识别技术已经发展成为由条码识别技术、射频识别技术、生物识别技术等组成的综合技术，并正在向集成应用的方向发展。

条码识别技术是当前使用最广泛的自动识别技术，它是利用光电扫描设备识读条码符号，从而实现信息自动录入。条码是由一组按特定规则排列的条、空及对应字符组成的表示一定信息的符号。不同的码制，条码符号的组成规则不同，较常使用的码制有交叉二五条码、三九条码、库德巴条码等。

射频识别技术是近几年发展起来的现代自动识别技术，它是利用感应、无线电波或微波技术的读写器设备对射频标签进行非接触式识读，达到对数据自动采集的目的。它可以识别高速运动物体，也可以同时识别多个对象，具有抗恶劣环境、保密性强等特点。

生物识别技术是利用人类自身生理或行为特征进行身份认定的一种技术。生物特征包括手形、指纹、脸形、虹膜、视网膜、脉搏、耳廓等，行为特征包括签字、声音等。因为人体特征具有不可复制的特性，这一技术的安全性较传统意义上的身份验证机制有很大的提高。人们已经发展了虹膜识别技术、视网膜识别技术、面部识别技术、签名识别技术、声音识别技术、指纹识别技术 6 种生物识别技术。

2. 数据挖掘技术

数据仓库出现在 20 世纪 80 年代中期，是一个面向主题的、集成的、非易失的、时变的数据集合，数据仓库的目标是把来源不同的、结构相异的数据经加工后在数据仓库中存储、提取和维护，它支持全面的、大量的复杂数据的分析处理和高层次的决策支持。数据仓库使用户拥有任意提取数据的自由，而不干扰业务数据库的正常运行。数据挖掘是从大量的、不完全的、有噪声的、模糊的及随机的实际应用数据中，发掘出隐含的、未知的、对决策有潜在价值的知识和规则的过程。一般分为描述型数据挖掘和预测型数据挖掘两种。描述型数据挖掘包括数据总结、聚类及关联分析等，预测型数据挖掘包括分类、回归及时间序列分析等。其目的是通过对数据的统计、分析、综合、归纳和推理，揭示事件间的相互关系，预测未来的发展趋势，为企业的决策者提供决策依据。

3.人工智能技术

人工智能是探索研究用各种机器模拟人类智能的途径，使人类的智能得以物化与延伸的一门学科。它借鉴仿生学思想，用数学语言抽象描述知识，用以模仿生物体系和人类的智能机制，主要的方法有神经网络、进化计算和粒度计算 3 种。

神经网络是在生物神经网络研究的基础上模拟人类的形象直觉思维，根据生物神经元和神经网络的特点，通过简化、归纳，提炼总结出来的一类并行处理网络。神经网络的主要功能有联想记忆、分类聚类和优化计算等。虽然神经网络具有结构复杂、可解释性差、训练时间长等缺点，但由于其对噪声数据的高承受能力和低错误率的优点，以及各种网络训练算法如网络剪枝算法和规则提取算法的不断提出与完善，使得神经网络在数据挖掘中的应用越来越为广大使用者所青睐。

进化计算是模拟生物进化理论而发展起来的一种通用的问题求解的方法。由于它来源于自然界的生物进化，所以它具有自然界生物所共有的极强的适应性特点，这使得它能够解决那些难以用传统方法来解决的复杂问题。它采用了多点并行搜索的方式，通过选择、交叉和变异等进化操作，反复迭代，在个体的适应度值的指导下，使得每代进化的结果都优于上一代，如此逐代进化，直至产生全局最优解或全局近优解。其中最具代表性的就是遗传算法，它是基于自然界的生物遗传进化机理而演化出来的一种自适应优化算法。

4.GIS 技术

GIS 技术是打造智能物流的关键技术与工具，使用 GIS 可以构建物流一张图，将订单信息、网点信息、送货信息、车辆信息、客户信息等数据都在一张图中进行管理，实现快速智能分单、网点合理布局、送货路线合理规划、包裹监控与管理。GIS 技术可以帮助物流企业实现基于地图的服务：①网点标注，将物流企业的网点及网点信息标注到地图上，便于用户和企业管理者快速查询。②片区划分，从"地理空间"的角度管理大数据，为物流业务系统提供业务区划管理基础服务，如划分物流分单责任区等，并与网点进行关联。③快速分单，使用 GIS 地址匹配技术，搜索定位区划单元，将地址快速分派到区域及网点。并结合该物流区划单元的属性找到责任人以实现"最后一公里"配送。

④车辆监控管理系统，从货物出库到送达客户手中全程监控，减小货物丢失概率；合理调度车辆，提高车辆利用率；各种报警设置，保证货物司机车辆安全，节省企业资源。⑤物流配送路线规划辅助系统用于辅助物流配送规划，合理规划路线，保证货物快速到达，节省企业资源，提高用户满意度。⑥数据统计与服务，将物流企业的数据信息在地图上可视化直观显示，通过科学的业务模型、GIS 专业算法和空间挖掘分析，洞察通过其他方式无法了解的趋势和内在关系，从而为企业的各种商业行为提供服务。

五、智能物流系统的发展方向

运输成本在经济全球化的影响下，竞争日益激烈。如何合理配置和利用资源，有效地降低制造成本是企业所要重点关注的问题。随着经济全球化的发展和网络经济的兴起，物流的功能也不再是单纯为了降低成本，而是发展成为提高客户服务质量以提高企业综合竞争力。当前，物流产业正逐步形成 7 个发展趋势，它们分别为信息化、智能化、环保化、企业全球化与国际化、服务优质化、产业协同化以及第三方物流。

1. 信息化趋势

物流信息化是现代物流的核心，是指信息技术在物流系统规划、物流经营管理、物流流程设计与控制和物流作业等物流活动中全面而深入的应用，并且成为物流企业和社会物流系统核心竞争能力的重要组成部分。物流信息化一般表现为以下 3 个方面。

（1）公共物流信息平台

公共物流信息平台是指为国际物流企业、国际物流需求企业和其他相关部门提供国际物流信息服务的公共的商业性平台。公共物流信息平台的建立，能实现对客户的快速反应。现代社会经济是一个服务经济的社会。建立客户快速反应系统是国际物流企业更好的服务客户的基础。公共物流信息平台的建立，能加强同合作单位的协作。

（2）物流信息安全技术将日益被重视

网络技术发展起来的物流信息技术，在享受网络飞速发展带来巨大好处的同时时刻饱受着可能出现的安全危机。应用安全防范技术，保障国际物流企业的物流信息系统平台安全、稳定地运行是国际物流企业长期面临的一项重大挑战。

（3）信息网络将成为国际物流发展的最佳平台

连接全球的互联网从科技领域进入商业领域后，得到了飞速的发展。互联网以其简便、快捷、灵活、互动的方式，全天候地传送全球各地间的信息，跨越时空限制，"天涯若比邻"，整个世界变成了"地球村"。互联网已经成为并将继续担负全球信息交换的新平台。

2. 智能化趋势

国际物流的智能化已经成为电子商务下物流发展的一个方向。智能化是物流自动化、信息化的一种高层次应用，物流作业过程中大量的总筹和决策，如库存水平的确定、运输路线的选择，自动导向车的运行轨迹和作业控制，自动分拣机的运行、物流配送中心经营管理的决策支持等问题，都可以借助专家系统、人工智能和机器人等相关技术加以解决。

除智能化交通运输外，无人搬运车、机器人堆码、无人机、自动分类分拣系统、无纸化办公系统等现代物流技术，都大幅提升了物流的机械化、自动化和智能化水平。同时，还出现了虚拟仓库、虚拟银行的供应链管理，这都必将把国际物流推向一个崭新的发展阶段。

3. 环保化趋势

物流与社会经济的发展是相辅相成的，现代物流一方面推动了国民经济从粗放型向集约型转变，又在另一方面成为消费生活高度化发展的支柱。然而，无论是在"大量生产—大量流通—大量消费"的时代，还是在"多样化消费有限生产—高效率流通"的时代，都需要从环境的角度对物流体系进行改进。环境共生型的物流管理就是要改变原来经济发展与物流，消费生活与物流的单向作用关系，在抑制物流对环境造成危害的同时，形成一种催促经济和消费生活同时健康发展的物流系统，即向环保型、循环型物流转变。

4. 企业全球化与国际化趋势

近年来，经济全球化以及我国对外开放不断扩大，更多的外国企业和国际资本"走进来"和国内物流企业"走出去"，推动国内物流产业融入全球经济。在中国承诺国内涉及物流的大部分领域全面开放之后，USP、联邦快递、联合包裹、日本中央仓库等跨国企业不断通过独资形式或控股方式进入中国市场。外资物流企业已经形成以长三角、珠三角和环渤海地区等经济发达区域为基地，分别向东北和中西部地区扩展的态势。同时，伴随新一轮全球制造业向我国转移，我国正在成为名副其实的世界工厂，在与世界各国之间的物资、原材料、零部件和制成品的进出口运输上，无论是数量还是质量正在发生较大变化。这必然要求物流国际化，即物流设施国际化、物流技术国际化、物流服务国际化、货物运输国际化和流通加工国际化等，促进世界资源的优化配置和区域经济的协调发展。

5. 服务优质化趋势

消费多样化、生产柔性化、流通高效化时代使得社会和客户对现代物流服务提出更高的要求，为传统物流形式带来了新的挑战，进而使得物流发展出现服务优质化的发展趋势。物流服务优质化努力实现"5Right"的服务，即把好的产品在规定的时间、规定的地点，以适当的数量、合适的价格提供给客户将成为物流企业优质服务的共同标准。

物流服务优质化趋势代表了现代物流向服务经济发展的进一步延伸，表明物流服务的质量正在取代物流成本，成为客户选择物流服务的重要标准之一。

6. 产业协同化趋势

21世纪是一个物流全球化的时代，制造业和服务业逐渐一体化，大规模生产、大量消费使得经济中的物流规模日趋庞大和复杂，传统的、分散的物流活动正逐步拓展，整个供应链向集约化、协同化的方向发展，成为物流领域的重要发展趋势之一。从物流资源整合和一体化角度来看，物流产业重组、并购不再仅仅局限于企业层面上，而是转移到相互联系、分工协作的整个产业链条上，经过服务功能、行业资源及市场的一系列重新整合，形成以利益供应链管理为核心的、社会化的物流系统；从物流市场竞争角度看，随着全球贸易的不断发展，发达国家一些大型物流企业跨越国境展开连横合纵式的并购，大力拓展物流市场，争取更大的市场份额。物流行业已经从企业内部的竞争拓展为全球供应链之间的竞争；从物流技术角度看，信息技术把单个物流企业连成一个网络，形成一个环环相扣的供应链，使多个企业能在一个整体的管理下实现协作经营和协调运作。

7. 第三方物流趋势

随着物流技术的不断发展，第三方物流作为一个提高物资流通速度、节省仓储费用和资金在途费用的有效手段，已越来越引起人们的高度重视。第三方物流是在物流渠道中由中间商提供服务，中间商以合同的形式在一定期限内，提供企业所需的全部或部分物流服务。经过调查统计，全世界的第三方物流市场具有潜力大、渐进性和高增长率的特性。它的潜力主要表现在：节约费用、减少资本积压、集中主业、减少库存和提升企业形象，给企业和顾客带来了众多益处。此外，大多数公司开始时并不是第三方物流服务公司，而是逐渐发展进入该行业的。可见，它的发展空间很大。

综上，在竞争日益激烈的21世纪，进一步降低物流成本，选择最佳的物流服务，提高自身产品的竞争力，必将成为商家在激烈的商战中取胜的主要手段。物流必将以多方向的趋势更快更好的发展。

8. 智能物流系统小结

随着物联网在物流业的应用落地，这对振兴物流业来说是一次绝佳的机会。物联网使信息网络产业成为推动物流产业升级、迈向信息社会的"发动机"。

通过对大量物流数据的分析，将智能处理技术应用于企业内部决策，有助于快速对物流客户的需求、商品库存、物流智能仿真等做出决策，实现物流管理自动化、物流作业高效便捷，改变中国物流仓储型企业"苦力"公司的形象，物流智能获取技术使物流从被动走向主动，实现物流过程中的主动获取信息、主动监控运输过程与货物、主动分析物流信息，使物流从源头开始被跟踪与管理，实现信息流快于实物流，进而降低物流仓储成本。将智能传递技术应用于物流企业内部，实现外部的物流数据传递功能，不仅可以提高服务质量、加快响应时间，还可以提升客户满意度，使物流供应链环节整合更紧密。智能技术在物流管理的优化、预测、决策支持、建模和仿真、全球化物流管理等方面的应用，使物流企业的决策更加准确和科学。

借智能物流的东风，我国物流企业信息化将登上一个新台阶，同时促进物流行业实现信息共享的局面。

第三节　物联网技术在智慧城市的应用

城市作为人类的交易中心和聚集中心，是人类经济社会发展到一定阶段的产物。城市的出现，是人类社会步入文明时代的标志，也是人类群居生活的高级形式。城市化进程不断加快，使得城市人口剧增、城市规模快速扩大，城市作为区域经济和政治中心的地位不断增强。人类生产力水平的提高也推动城市的形态和功能不断演变。城市的飞速发展也是一个社会问题不断涌现的过程：道路交通拥堵、城市管理低效、环境监测体系不完善、教育资源不均衡、应急系统不通畅等问题。

我国城市化进程不断加快，人民生活水平在城市化进程中不断提高，然而涌现出的诸多社会问题制约着城市的可持续发展，需要充分运用新技术、新手段、新方式加以解决。

以物联网、云计算等新一代技术为核心的智慧城市建设理念，成为一种未来城市发展的全新模式。智慧城市是人类社会发展的必然产物，城市智慧城市建设从技术和管理层面也是可行的。智慧城市的建设，有利于解决城市发展问题，有利于提高城市信息优管理水平，有利于促进国家高端产业发展。

智慧城市是指充分借助物联网、传感网，涉及智能楼宇、智能家居、路网监控、智能医院等诸多领域，把握新一轮科技创新革命和信息产业浪潮的重大机遇，充分发挥信息通信产业，RFID 技术、电信业务及信息化基础设施完备等优势，通过建设信息通信基础设施、认证、安全等平台和示范工程，构建城市发展的智慧环境，形成基于海量信息和智能过滤处理的新的生活、产业发展、社会管理等模式，面向未来构建全新的城市形态。

一、智慧城市概述

智慧城市的起源可以追溯到"数字地球"的概念。1998 年 1 月，时任美国副总统的戈尔在一次演讲中首次提出了"数字地球"的概念。戈尔指出：人类"数字地球"即一个以地球坐标为依据的、嵌入海量地理数据的、具有多分辨率的、能三维可观化表示的虚拟地球。

　　"数字地球"是以地球为对象，以地理坐标为依据，具有多源、多尺度海量数据的融合，能用多媒体和虚拟现实技术进行多维的表达，具有数字化、网络化、智能化和可视化特征的虚拟地球。"数字地球"发展至今，经历了数字化、信息化、智能化三个阶段。

　　"数字城市"是"数字地球"的重要组成部分，是"数字地球"在城市的具体体现。随着城市的数量和城市人口的不断增多，城市被赋予了前所未有的经济、政治和技术的权利，进而使城市发展在世界中心舞台起到主导作用。

　　城市由关系到城市主要功能的不同类型的网络、基础设施和环境6个核心系统组成：组织、业务/政务、交通、通信、水和能源。这些系统不是零散的，而是以一种协作的方式相互衔接。而城市本身，则是由这些系统所组成的宏观系统。

　　智慧城市就是运用信息和通信技术感测、分析、整合城市运行核心系统的各项关键信息，从而对包括民生、环保、公共安全、城市服务、工商业活动在内的各种需求做出智能响应。其实质是利用先进的信息技术，实现城市智慧式管理和运行，进而为城市中的人创造更美好的生活，促进城市的和谐、可持续发展。

　　智慧城市通过物联网基础设施、云计算基础设施、地理空间基础设施等新一代信息技术以及维基、社交网络、综合集成法、网动全媒体融合通信终端等工具和方法的应用，实现全面透彻的感知、宽带泛在的互联、智能融合的应用以及以用户创新、开放创新、大众创新、协同创新为特征的可持续创新。伴随网络帝国的崛起、移动技术的融合发展以及创新的民主化进程，知识社会环境下的智慧城市是继数字城市之后信息化城市发展的高级形态。

　　从技术发展的视角来看，智慧城市建设要求通过以移动技术为代表的物联网、云计算等新一代信息技术应用实现全面感知、泛在互联、普适计算与融合应用。从社会发展的视角来看，智慧城市还要求通过维基、社交网络、综合集成法等工具和方法的应用，实现以用户创新、开放创新、大众创新、协同创新为特征的知识社会环境下的可持续创新，强调通过价值创造，以人为本实现经济、社会、环境的全面可持续发展。

　　智慧城市作为信息技术的深度拓展和集成应用，是新一代信息技术孕育突破的重要方向之一，是全球战略新兴产业发展的重要组成部分。开展智慧城市技术和标准试点，是科技部和国家标准委为推动我国智慧城市建设健康有序发展，推动我国自主创新成果在智慧城市中推广应用共同开展的一项示范性工作，旨在形成我国具有自主知识产权的智慧城市技术与标准体系和解决方案，为我国智慧城市建设提供科技支撑。

　　随着世界大部分人口纷纷涌入城市地区，水、电及交通等关键城市系统已不堪重负、几近崩溃。对城市居民而言，智慧城市的基本要件就是能轻松找到最快捷的上下班路线、供水供电有保障且街道更加安全。如今的消费者正日益占据主导地位，他们希望在城市负担人口流入、实现经济增长的同时，自己对生活质量的要求能够得到满足。

智慧城市有如下四大特点：①全面感测—遍布各处的传感器和智能设备组成"物联网"，对城市运行的核心系统进行测量、监控和分析；②充分整合—"物联网"与互联网系统完全连接和融合，将数据整合为城市核心系统的运行全图，提供智慧的基础设施；③激励创新—鼓励政府、企业和个人在智慧基础设施之上进行科技和业务的创新应用，为城市提供源源不断的发展动力；④协同运作—基于智慧的基础设施，城市里的各个关键系统和参与者进行和谐高效的协作，达成城市运行的最佳状态。数字城市发展中的具有介入式、互动式功能的智能化数字城市管理应用。城市信息化过程表现为地球表面测绘与统计的信息化，政府管理与决策信息化，企业管理与决策信息化，市民生活信息化。

二、物联网技术与智慧城市

智慧城市技术作为解决城市发展问题的重要手段，它通过全面且透明地感知信息、广泛而安全地传递信息、智慧且高效地处理信息，提高城市管理与运转效率，提升城市服务水平，促进城市的可持续、跨越式发展。以此构建新的城市发展形态，使城市自动感知、有效决策与调控，让市民感受到智慧城市带来的智慧服务和应用。

信息技术作为智慧城市的基础设施，三个最核心的技术热点无疑是物联网技术、云计算技术和数据关联技术，事实上，这三大核心技术都属于平台性的包含众多技术分支的总体性描述。

物联网技术是以射频识别等传感设备为基础，通过物联网网关建立传感设备与互联网的连接，并实现信息通信与交换，构建物体识别与跟踪的智慧管理环境。物联网的精髓归纳为有效的感知、广泛的互联互通、深入的智能分析处理、个性化的体验。

云计算技术是一种新的基于互联网的软硬件服务模式，旨在通过最小的管理代价和可配置的计算资源为用户提供快速、动态易扩展的虚拟化资源服务。用户只需用简易的终端设备，即可使用浏览器进行身份验证后应用软硬件服务，软硬件及数据都在云计算中心。

关联数据技术是一个语义网技术的最佳实践，它采用资源描述框架数据模型，采用统一资源标识符命名并生成实例数据和类数据，在网络上进行发布和部署后能通过超文本传送协议获取，构建数据互联与人机理解的语义环境。

若将物联网当作智慧城市的感知触角，将云计算当作构建智慧城市的承载骨架，城市计算则是智慧城市的大脑，它以物联网感知、整合多源城市信息，以云计算中心为计算载体，进行数据关联、数据挖掘和智能分析，面向市民和城市提供的智慧综合服务，智慧化地提升市民生活和城市环境。从信息技术的角度看，智慧城市中信息技术呈现"五化"特征，即泛在化、效用化、智能化、绿色化、软性化。

1.泛在化

信息技术的应用无处不在，人与自然、人与社会、自然与社会都联结在泛在网络中，信息能够畅通地流通、融合，网络变成信息社会的基本生产工具。

2.效用化

IT基础设施的部署、应用和管理将类同水、电、气一样，使用原则是"集中服务、按需使用、虚拟拥有、使用方便"。

3.智能化

IT基础设施及其应用更加智能方便，数据融合下的信息分享技术，智能感知和尊重用户体验的应用系统，影响人们生活的各个方面，智慧城市将塑造"惠及人人"的美好生活愿景。

4.绿色化

环境友好的低功耗信息技术，开始低碳经济、绿色化、可持续发展逐渐成为城市发展关注的焦点。

5.软性化

"无所不在的信息采集设备；畅通的信息传输通道；安全保障下的信息共享；强大的数据处理中心，智慧的软件与服务"在城市运行中发挥的作用要超过硬件生产与制造业的作用。在城市化与人类文明快速发展，世界各大、中城市却普遍面临能耗紧缺、环境污染、交通拥堵等发展问题，城市计算作为一个以物联网感知为基础，关联数据技术、大数据挖掘与分析技术为核心的全新概念被提出。城市计算的内涵在于将城市空间中的每个传感器、设备、人、交通工具、建筑物、道路都能被当作一个单元去感知城市动态，协同完成一个城市级别的计算以服务市民和城市。城市计算旨在通过城市感知、数据挖掘、智能提取、改善服务四个环节形成的循环过程来智慧型地提升市民生活和城市环境，以及通过整合交通流量、人口流动、地理和地图数据、环境、能源消耗、人口总数和经济状况等一系列异构数据源来深度分析突发现象背后的本质和科学。

三、智慧城市架构

基础架构层是智慧城市的最底层，又被称为知识云端层，这一层主要凝聚了有创造力的知识界，如科学家、艺术家、企业家等。这些人在不同的领域中从事知识密集型的工作，为城市发展提供知识服务。

组织云端层是中间层。这一层次的组织主要将知识云端层提供的知识进行整合和商业化以实现创新。这一层主要包括风险投资商、知识产权保护组织、创业与创新孵化组织、技术转移中心、咨询公司和融资机构等。这些组织通过自身的社会资本和金融资本，为知识云端层的智力资本提供财务和其他方面的支持。由此亦可见，创新城市是智慧城市的一个主要组成部分。

技术云端层是最顶层。这一层主要是依靠知识云端层的智力资本和组织云端层的社会资本开发出来的数字技术与环境。这一数字技术和环境是供给和满足智慧城市智慧运营的技术内核，这三个层次有机连接，成为一个"智慧链"，为智慧城市的可持续发展提供不竭的动力。

21世纪的"智慧城市"，能够充分运用信息和通信技术手段感测、分析、整合城市运行核心系统的各项关键信息，进而对于包括民生、环保、公共安全、城市服务、工商业活动在内的各种需求做出智能的响应，为人类创造更美好的城市生活。

近年来，关于未来城市的发展方向，有过很多争论，如数字城市、知识城市、生态城市、创造城市、创新城市等。从根本上说，这些城市都试图通过信息技术手段来提升城市的经济、政治和文化价值。而智慧城市既整合了数字城市、生态城市、创新城市等的特征，又凌驾于它们之上，是城市发展的高级形态。真正的智慧城市是可持续发展的城市，不仅能提升城市的经济和政治实力，还可以推动社会和文化的大繁荣。

第四节　物联网技术在工业领域的应用

工业是物联网应用的重要领域。具有环境感知能力的各类终端、基于泛在技术的计算模式、移动通信等不断融入工业生产的各个环节，可以大幅提高制造效率，改善产品质量，降低产品成本和资源消耗，将传统工业提升到智能工业的新阶段。

智能工业，即工业智能化，是指基于物联网技术将信息技术、网络技术和智能技术应用于工业领域，给工业系统注入"智慧"的综合技术。它突破了采用计算机技术模拟人在工业生产过程中和产品使用过程中的智能活动，以进行分析、推理、判断、构思和决策，从而去扩大延伸和部分替代人类的脑力劳动，实现知识密集型生产和决策的自动化。

一、智能工业的物联网技术

智能工业的实现是基于物联网技术的渗透和应用，并与未来先进制造技术相结合，形成新的智能化的制造体系。因此，智能工业的关键技术在于物联网技术。

"物联网技术"的核心和基础仍然是"互联网技术"，是在互联网技术基础上的延伸和扩展的一种网络技术；其用户端延伸和扩展到了任何物品和物品之间，进行信息交换和通信。物联网技术是指通过射频识别、红外感应器、全球定位系统、激光扫描器等信息传感设备，按约定的协议，将任何物品与互联网相连接，进行信息交换和通信，以实现智能化识别、定位、追踪、监控和管理的一种网络技术。

1. 物联网技术在工业领域的应用

（1）制造业供应链管理

物联网应用于企业原材料采购、库存、销售等领域，通过完善和优化供应链管理体系，提高了供应链效率，降低了成本，空中客车通过在供应链体系中应用传感网络技术，构建了全球制造业中规模最大、效率最高的供应链体系。

（2）生产过程工艺优化

物联网技术的应用提高了生产线过程检测、实时参数采集、生产设备监控、材料消耗监测的能力和水平。生产过程的智能监控、智能控制、智能诊断、智能决策、智能维护水平不断提升。钢铁企业应用各种传感器和通信网络，在生产过程中实现对加工产品的宽度、厚度、温度的实时监控，从而提高了产品质量，优化了生产流程。

（3）产品设备监控管理

各种传感技术与制造技术融合，实现了对产品设备操作使用记录、设备故障诊断的远程监控。GE OILl&Gas 集团在全球建立了 13 个面向不同产品的 i-Center，通过传感器和网络对设备进行在线监测和实时监控，并提供设备维护和故障诊断的解决方案。

（4）环保监测及能源管理

物联网与环保设备的融合实现了对工业生产过程中产生的各种污染源及污染治理各环节关键指标的实时监控。在重点排污企业排污口安装无线传感设备，不仅可以实时监测企业排污数据，而且可以远程关闭排污口，防止突发性环境污染事故的发生。电信运营商已开始推广基于物联网的污染治理实时监测解决方案。

（5）工业安全生产管理

把感应器嵌入和装备到矿山设备、油气管道、矿工设备中，可以感知危险环境中工作人员、设备机器、周边环境等方面的安全状态信息，将现有分散、独立、单一的网络监管平台提升为系统、开放、多元的综合网络监管平台，实现实时感知、准确辨识、快速响应、有效控制。

2. 物联网技术与工业技术相结合

与未来先进制造技术相结合是物联网应用的生命力所在。物联网是信息通信技术发展的新一轮制高点，正在工业领域广泛渗透和应用，并与未来先进制造技术相结合，形成新的智能化的制造体系。这一制造体系仍在不断发展和完善之中。概括起来，物联网与先进制造技术的结合主要体现在八个领域。

（1）泛在感知网络技术

创建服务于智能制造的泛在网络技术体系，为制造中的设计、设备、过程、管理和商务提供无处不在的网络服务。面向未来智能制造的泛在网络技术发展还处于初始阶段。

（2）泛在制造信息处理技术

建立以泛在信息处理为基础的新型制造模式，提高制造行业的整体实力和水平。泛在信息制造及泛在信息处理尚处于概念和实验阶段，各国政府均将此列入国家发展计划，大力推动实施。

（3）虚拟现实技术

采用真三维显示与人机自然交互的方式进行工业生产，进一步提高制造业的效率。虚拟环境已经在许多重大工程领域得到了广泛的应用和研究。未来，虚拟现实技术的发展方向是三维数字产品设计、数字产品生产过程仿真、真三维显示和装配维修等。

（4）人机交互技术

传感技术、传感器网、工业无线网以及新材料的发展，提高了人机交互的效率和水平。制造业处在一个信息有限的时代，人要服从和服务于机器。随着人机交互技术的不断发展，我们将逐步进入基于泛在感知的信息化制造人机交互时代。

（5）空间协同技术

空间协同技术的发展目标是以泛在网络、人机交互、泛在信息处理和制造系统集成为基础，突破现有制造系统在信息获取、监控、控制、人机交互和管理方面集成度差、协同能力弱的局限，提高制造系统的敏捷性、适应性、高效性。

（6）平行管理技术

未来的制造系统将由某一个实际制造系统和对应的一个或多个虚拟的人工制造系统所组成。平行管理技术就是要实现制造系统与虚拟系统的有机融合，不断提升企业认识和预防非正常状态的能力，提高企业的智能决策和应急管理水平。

（7）电子商务技术

制造与商务过程一体化特征日趋明显，整体呈现出纵向整合和横向联合两种趋势，未来要建立健全先进制造业中的电子商务技术框架，发展电子商务以提高制造业在动态市场中的决策与适应能力，构建和谐、可持续发展的先进制造业。

（8）系统集成制造技术

系统集成制造是由智能机器人和专家共同组成的人机共存、协同合作的工业制造系统。它集自动化、集成化、网络化和智能化于一身，使制造具有修正或重构自身结构和参数的能力，具有自组织和协调能力，可满足瞬息万变的市场需求，应对激烈的市场竞争。

工业化的基础是自动化，自动化领域发展了近百年，拥有完善的理论和实践基础。特别是随着现代大型工业生产自动化的不断兴起和过程控制要求的日益复杂应运而生的物联网的产业链（DCS）控制系统，更是计算机技术、系统控制技术、网络通信技术和多媒体技术结合的产物。DCS 的理念是分散控制、集中管理。虽然自动设备全部联网，并能在控制中心监控信息通过操作员来集中管理，但操作员的水平决定了整个系统的优化程度。

信息技术发展前期的信息服务对象主要是人，其主要解决的是信息孤岛问题。当为人服务的信息孤岛问题解决后，要在更大范围内解决信息孤岛问题，就要将物与人的信息打通。人获取了信息之后，可以根据信息判断做出决策，从而触发下一步操作；但由于人存在个体差异，对于同样的信息，不同的人做出的决策是不同的。智能分析与优化技术是解决这个问题的一个手段，在获得信息后，根据历史经验以及理论模型，快速做出最优决策。数据的分析与优化技术在两化融合的工业化与信息化方面都有旺盛的需求。

第五节　物联网技术在农业领域的应用

我国是一个农业大国，地域辽阔，物产丰富，气候复杂多变，自然灾害频发，解决"三农"问题是我国政府比较关注的问题。随着科学技术的不断进步，智能农业、精准农业的发展，物联网技术在农业中的应用逐步成为研究的热点。

物联网技术在现代农业中应用的领域主要包括监视农作物灌溉情况、兽禽的环境状况、土壤气候变更以及大面积的地表检测，收集温度、风力、湿度、大气、降雨量、土壤水分、土壤 pH 等，从而进行科学预测，帮助农民减灾、抗灾，进行科学种植，进而提高农业的综合效益。另外，对农产品的安全生产环境的监控，实现"农田到餐桌"的全过程管理，建立从源头治理监控到最终消费的追踪溯源系统，也是物联网技术的应用之一。

物联网技术对于农业应用来说任重道远，是挑战，更是机遇。正如 20 世纪 80 年代，生物技术在农业领域的应用推动了农业科技的跨越式发展一样，物联网科技的发展也必将深刻影响现代农业的未来。物联网需要用到无线通信、射频识别、自动控制、信息传感及计算机技术等。在我国大力推动信息化前提下，物联网将是各个行业信息化过程中一个突破口。目前对于物联网的研究主要在智能家居、物流管理等领域，在农业领域的应用尚为鲜见，但随着物联网技术的日益成熟，相信其在农业中的应用将会越来越广泛。

一、智能农业简述

智能农业是农业生产的高级阶段，是集新兴的互联网、移动通信网、云计算和物联网技术为一体，依托部署在农业生产现场的各种传感器节点（环境温湿度传感器、土壤水分传感器、二氧化碳浓度传感器、光照强度传感器等）和无线传感器网络实现农业生产环境的智能感知、智能预警、智能决策、智能分析、专家在线指导，为农业生产提供精准化种植、可视化管理、智能化决策。

智能农业，是指在相对可控的环境条件下，通过光照、温度、湿度等无线传感器，采用工业化生产，通过实时采集温室内温度、土壤温度、CO_2浓度、湿度信号以及光照、叶面湿度、露点温度等环境参数，自动开启或者关闭指定设备，及时调节农作物生长环境，使其在最优环境中生长。同时通过图像采集设备，把实时画面通过无线网络传输到 PC 终端，实现对温室大棚的远程监控。智能农业还包括智能粮库系统，该系统通过将粮库内温湿度变化的感知与计算机或手机相连接进行实时观察，记录现场情况以确保粮库的温湿度平衡。最终实现集约高效可持续发展的现代超前农业生产方式，实现先进设施与陆地相配套、具有高度的技术规范和高效益的集约化规模经营的生产方式。

智能农业囊括了整个农作物生命周期，从技术科研、种植收割到物流销售，它无处不在。对智能农业技术的科学应用，真正实现了农作物的全天候、反季节、周年性的规模生产，它是一门集农业工程、现代生物技术、农业新材料、智能工业控制技术等学科于一体的综合科学技术，依托于现代化农业设施的智能农业，蕴含丰富的科学技术，在大幅提升农产品产量的同时，降低劳动力成本。

智能农业集科研、生产、加工、销售于一体，实现周年性、全天候、反季节的企业化规模生产；它集成现代生物技术、农业工程、农用新材料等学科，以现代化农业设施为依托，科技含量高，产品附加值高，土地产出率高，劳动生产率高，是我国农业新技术革命的跨世纪工程。智慧农业是推动城乡发展一体化的战略引擎。

二、智能农业的定义

智能农业也被称为智慧农业，它充分利用现代信息技术、计算机与网络技术、物联网技术、音视频技术、3S 技术、无线通信技术及专家智慧与知识，实现农业可视化远程诊断、远程控制、问题预警等智能管理。智慧农业是以最高效率地利用各种农业资源，最大限度地降低农业成本和能耗、减少农业生态环境破坏以及实现农业系统的整体最优为目标，以农业全产业、全过程智能化的泛在化为特征，以全面感知、可靠传输和智能处理等物联网技术为支撑和手段，以自动化生产、最优化控制、智能化管理、系统化物流和电子化交易为主要生产方式的高产、高效、低耗、优质、生态和安全的现代农业发展模式与形态。智慧农业所具备的功能有无线采集、无线控制、远程监控、自动灌溉、自动施肥、自动喷药等。

三、智能农业的特点

基于物联网技术的智能农业是当今世界农业发展的新潮流，传统农业的生产模式已经不能适应农业可持续发展的需要，农产品质量问题、农业资源不足、普遍浪费、环境污染、产品种类需要多样化等诸多问题使农业的发展陷入恶性循环，而智能农业为现代农业的发展提供了一条光明之路。智能农业与传统农业相比最大的特点是以高新技术和科学管理换取对资源的最大节约，它是由信息技术支持的根据空间和时间，定位、定时、定量地实施一整套现代化农业操作与管理的系统，其基本含义是根据作物生长的土壤性状、空气温湿度、土壤水分温度、二氧化碳浓度、光照强度等调节对作物的投入，即一方面查清田地内部的土壤性状与生产力，另一方面明确农作物的生产目标，调动土壤生产力，以最少或最节省的投入达到同等收入或更高的收入，并改善环境，高效利用各类农业资源取得经济效益和环境效益双丰收。

四、智能农业系统技术实现

1. 智能农业系统架构

物联网智能农业平台系统由前端数据采集系统、无线传输系统、远程监控系统、数据处理系统和专家系统组成。前端数据采集系统主要负责农业环境中光照、温度、湿度和土壤含水量以及视频等数据的采集和控制。无线传输系统主要将前端传感器采集到的数据，通过无线传感器网络传输到后台服务器上。远程监控系统通过在现场布置摄像头等监控设备，实时采集视频信号，通过计算机或5G手机即可随时随地观察现场情况、查看现场温湿度等参数和进行远程控制调节。数据处理系统负责对采集到的数据进行存储和处理，为用户提供分析和决策依据。专家系统依据智能农业领域一个或多个专家提供的知识和经验，进行推理和判断，帮助进行决策，以解决农业生产活动中遇到的各类复杂问题。

智能农业系统的总体架构分为传感信息采集、视频监控、智能分析和远程控制四部分。

2. 智能农业的关键技术

（1）信息感知技术

农业信息感知技术是智慧农业的基础，作为智能农业的神经末梢，是整个智能农业链条上需求总量最大和最基础的环节，主要涉及农业传感器技术、RFID技术、GPS技术以及RS技术。

农业传感器技术是智能农业的核心，农业传感器主要用于采集各个农业要素信息，包括种植业中的光、温、水、肥、气等参数；畜禽养殖业中的二氧化碳、氨气和二氧化硫等有害气体含量，空气中尘埃、飞沫及气溶胶浓度，温、湿度等环境指标参数；水产养殖业中的溶解氧、酸碱度、氨氮、电导率和浊度等参数。

RFID 技术俗称电子标签。这是一种非接触式的自动识别技术，它通过射频信号自动识别目标对象并获取相关数据。

在智能农业中，GPS 技术可以实时对农田水分、肥力、杂草和病虫害、作物苗情及产量等进行描述和跟踪，农业机械可以将作物需要的肥料送到准确的位置，而且可以将农药喷洒到准确位置。

RS 技术在智能农业中利用高分辨率传感器，采集地面空间分布的地物光谱反射或辐射信息，在不同的作物生长期，实施全面监测，结合光谱信息，进行空间定性、定位分析。

（2）信息传输技术

农业信息感知技术是智慧农业传输信息的必然路径。在智慧农业中运用最广泛的是无线传感网络，无线传感网络是以无线通信方式形成的一个自组织多跳的网络系统，由部署在监测区域内大量的传感器节点组成，负责感知、采集和处理网络覆盖区域中被感知对象的信息，并发送给观察者。

（3）信息处理技术

信息处理技术是实现智能农业的必要手段，也是智能农业自动控制的基础，主要涉及云计算、GIS、专家系统和决策支持系统等信息技术。

3.智能农业系统组成

智能农业系统由数据采集系统、视频采集系统、控制系统、无线传输系统和数据处理系统组成。

（1）数据采集系统

数据采集系统主要负责温室内部光照、温度、湿度和土壤含水量以及视频等数据的采集和控制。温度包括空气温度、浅层土壤温度和深层土壤温度；湿度包括空气湿度、浅层土壤含水量和深层土壤含水量。数据传输方式可采用 ZigBee 或者 RS485 两种模式，根据传输模式不同，温室的现场部署可采用无线和有线两种，无线方式采用 ZigBee 发送模块将传感器的数据传输到 ZigBee 节点上；有线方式采用电缆将数据传输到 RS485 节点上。

（2）视频采集系统

视频采集系统采用高精度网络摄像机和全球眼系统进行密切融合，系统的清晰度和稳定性的参数均符合国内相关标准。

（3）控制系统

控制系统主要由控制设备和相应的继电器控制电路组成，通过继电器可以自由控制各种农业生产设备，包括喷淋、滴灌等喷水系统和卷帘、风机等空气调节系统等。

（4）无线传输系统

无线传输系统主要将设备采集到的数据通过 4G 网络传输到服务器上，在传输协议上支持 IPv4 或 IPv6 网络协议。

（5）数据处理系统

数据处理系统负责对采集的数据进行存储和信息处理，为用户提供分析和决策依据，用户可以随时通过计算机和手机等终端查询。

4. 智能农业系统网络拓扑

智能农业系统在远程通信采用 5G 无线网络，近距离传输采取 ZigBee 模式和有线 RS485 相结合，保证网络系统的稳定运行。

5. 智能农业系统主要功能

（1）数据采集

温室内温度、湿度、光照度、土壤含水量等数据通过有线或无线网络传输到数据处理系统。如果传感器上报的参数超标，则系统出现阈值告警，并可以自动控制相关设备进行智能调节。

（2）视频监控

用户随时可以用计算机或手机等终端查看温室内的实际影像，对农作物生长进程进行远程监控。

（3）数据存储

系统可对历史数据进行存储，形成知识库，以备随时进行处理和查询。

（4）数据分析

系统将采集到的数值通过直观的形式向用户展示时间分布图，提供按日、按月等历史报表。

（5）远程控制

用户在任何时间、任何地点通过任意能上网的终端，均可对温室内各种设备进行远程控制。

（6）错误报警

系统允许用户制定自定义的数据范围，超出范围的错误情况会在系统中进行标注，以实现报警的目的。

（7）手机监控

手机可以像计算机终端一样，实时查看各传感器的数据，并调节室内喷淋、卷帘、风机等设备。

随着计算机科学技术的不断发展以及物联网技术的不断成熟，越来越多的智能农业系统中开始涉及和应用物联网相关技术。物联网技术的不断发展，产业链的不断完善与成熟，智能农业应用的不断深化，将为我国带来新的产业发展契机，拉动更多行业和领域的专业服务提供商的出现和参与，更广泛地带动社会服务资源，推动我国经济结构的良性发展，从而提高我国整体科技竞争能力和经济效益。

第六节　物联网技术在港口领域的应用

在建设"一带一路"的战略背景下，港口是连接国内外货运商贸、物流仓储以及信息服务等的重要载体，全面构建"智慧港口"通过物联网技术推进码头装备设施、资源调度等相关领域的智能化，打造智能化的码头，向创新化、科技化、智慧化转变的改革势在必行。

一、智慧港口定义

智慧港口也被称为物联网港口、智能港口等。智慧港口是指利用物联网、云计算、传感网等技术手段感知、链接、计算关键信息，使得物与物、人与人、物与人以及港口物流的各种资源和各个参与方更广泛的互联互通，形成技术集成、综合应用、现代化、网络化和信息化的现代港口。

智慧港口利用新一代信息技术中的物联网技术，在信息全面感知和互联的基础上，实现车、船、物、人与港口各功能系统的无缝对接，进而对港口运输、生产、仓储、物流、监管等方面的需求做出智能化响应，形成具备可持续内生动力的安全快捷、高效绿色的港口形态。

二、智慧港口发展现状

改革开放以来，我国港口实现了跨越发展，在长江三角洲、珠江三角洲、环渤海湾、东南沿海、西南沿海地区形成了规模庞大并相对集中的港口群，虽然我国港口吞吐量全球第一，但仍存在软实力不足、可持续性弱、沿海内陆衔接不够、港城互动弱、港口运营模式单一等问题。智慧港航物流作为扩大港口运输辐射范围、增强经贸合作的重要手段，是未来智慧港口建设的重点内容之一。

我国环渤海、长三角以及珠三角地区重点港口已陆续开始进行智慧港口建设，武汉港、宜昌港等中部沿江港口也开始实施智慧化战略。"一带一路"重点布局的港口都计划将智慧型的信息技术逐步引入港口建设中，优化提升港口的基础设施和管理模式，实现港口的功能创新、技术创新和服务创新。通过智慧码头、智慧口岸、智慧商务这三个层面的建设，推进互联网技术与港口业务融合发展，构建具有港口生产智慧操作、物流电商网、智慧港口主要特征。

1. 全面感知

全面感知是所有深层次智能化应用的基础，智能监测的结果是现场数据的全面数字化，包括现场物联网、远程传输网络以及数据集成管理。

2. 智能决策

智能决策是在基础决策信息感知收集的基础上，明确决策目标及约束条件，对复杂计划、调度等问题快速做出有效决策。

3. 自主装卸

自主装卸是在智能决策的基础上，设备自主识别确定装卸对象、作业目标，并安全、高效、自动完成作业任务。

4. 全程参与

通过云计算、移动互联网技术的应用，使港口相关方可以随时随地通过利用多种终端设备，全面融入统一云平台，通过深入交互，使各方需求得到即时响应。

5. 持续创新

港口可持续创新是通过港口相关方的广泛参与和深入交互，通过港口管理者与智能信息系统的人机交互以及智能信息系统的自主学习，使得港口具备持续创新和自我完善的功能。它是智慧港口的主要特征之一。

随着信息技术和互联网技术的不断发展，如何将先进技术融合到传统行业，达到更高效、更安全、低成本的目的，是人们面临的新课题。只有符合全球化经济发展的趋势，顺应国际港口发展的潮流，才能在日益激烈的国际竞争中立于不败之地。

第七节　物联网技术在医疗领域的应用

一、智慧医疗的概念

医疗资源的特殊性决定了其在全世界范围内都仍属于稀缺资源，这种供求关系在一定程度上带来了病患看病难的问题。而我国医疗环境还不健全，长期存在的"重医疗，轻预防；重城市，轻农村；重大型医院，轻社区卫生服务站"的倾向短时间内无法被扭转，居民过多依赖大型医院，进一步激化了就医矛盾，一号难求的现象频发。

医疗卫生体系的发展水平关系到社会和谐和人民群众的身心健康，也是社会关注的热点。随着物联网技术的发展，发达国家和地区纷纷大力推进基于物联网技术的智慧医疗应用。物联网技术可以使智慧医疗系统实时地感知各种医疗信息，方便医生快速、准确地掌握病人的病情，提高诊断的准确性；同时，医生可以对病人的病情进行有效跟踪，进一步通过医疗服务的质量；另外，可以通过传感器终端的延伸，加强医院服务的质量，从而达到有效整合资源的目的。

智慧医疗英文简称 WIT120，它通过打造健康档案区域医疗信息平台，利用最先进的物联网技术，实现患者与医务人员、医疗设备、医疗机构之间的互动，逐步达到信息化。智慧医疗是在智慧医疗概念下对医疗机构的信息化建设。简单来说，智慧医疗可以是基于移动设备的掌上医院，在数字化医院建设的基础上，创新性地将现代移动终端作为切入点，将手机的移动便携特性充分应用到就医流程当中。

基于物联网技术的智慧医疗系统可以便捷地实现医疗系统互联互通，方便医疗数据在整个医疗网络中的资源共享；可以减少信息共享的成本，显著提高医护工作者查找、组织信息并做出回应的能力；可以使对医院决策具有重大意义的综合数据分析系统、辅助决策系统和对临床有重大意义的医学影像存储和传输系统、医学检验系统、临床信息系统、电子病历等得到普遍应用。

同时，基于物联网技术的智慧医疗系统可以优化就诊流程，缩短患者排队挂号的等候时间，实行挂号、检验、缴费、取药等"一站式"、无胶片、无纸化服务，简化看病流程，有效解决群众看病难问题；可以提高医疗相关机构的运营效率，缓解医疗资源紧张的矛盾；可以针对某些病历或某些病症进行专题研究，为其提供数据支持和技术分析，推进医疗技术和临床研究，激发更多医疗领域内的创新发展。

物联网生物传感器技术通过使用生命体征检测设备、数字化医疗设备等传感器，采集用户的体征数据，通过有线或无线网络将这些数据传递到远端的服务平台，由平台上的服务医师根据数据指标，为远端用户提供集保健、预防、监测、呼救于一体的远程医疗与健康管理服务体系，提高了医疗资源的有效利用率。

二、智慧医疗系统体系结构

智慧医疗技术是先进的信息网络技术在医学及医学相关领域（如医疗保健、健康监控、医院管理、医学教育与培训）中的一种有效的应用，是物联网发展的一大成果。智慧医疗技术不仅是一项技术的发展与应用，也是医学与信息学、公共卫生与商业运作模式相结合的产物，智慧医疗技术的发展对推动医学信息学与医疗卫生产业的发展具有十分重要的意义，而物联网技术可以使医疗保健、健康监控、医院管理、医疗教育与培训成为一个有机的整体。医疗卫生信息化包括医院管理、社区卫生管理、卫生监督、疾病管理、妇幼保健管理、远程医疗与远程医学教育等领域的信息化。

三、智慧医疗实施案例及分析

1. 视频探视

一般来说，医院对 ICU/CCU 病房的探视有明确的时间和次数限制，而病人家属希望能随时对病人进行探视，以便及时了解病人的病情变化，或者安慰病人进行治疗。因此，如何能便捷安全地探视在医院 ICU/CCU 病房接受治疗的病人，一直是医院和病人家属之间必须解决的矛盾。视频探视系统就可以解决这一问题，让病人家属可以随时随地探视在 ICU/CCU 病房中接受治疗的病人。病患者家属可通过远程探视电话、互联网预约等方式与病人进行远程视频通话。视频探视系统减轻了 ICU/CCU 病房的探视压力，较好地满足了病人家属随时随地能对病人进行探视的愿望。

2. 远程健康监护

当前国内各大医院都在加速实施信息化平台、医院管理信息系统（HIS）建设，以提高医院的服务水平与核心竞争力。智慧医疗不仅能够有效提升医生的工作效率，减少疾病患者的候诊时间，而且能够提高病人的满意度和信任度，树立医院科技创新服务的形象。

心脏病是突发性死亡率最高的疾病，临床医学的实践证明，98% 的心源性猝死患者在发病前多则几个月、少则几天会出现心律失常等疾病发作的前期征兆，如采取适当措施，早期就诊，将极大地减少突发性心源性猝死的悲剧的发生。在中国和发达国家，患有高血压疾病的人群数量庞大，但世界卫生组织专家指出：尽管心血管疾病是头号杀手，但如果积极预防，每年可挽救数百万人的生命，因此，对心血管患者等高危人群进行早期诊断、预防，并加强日常管理是降低心血管疾病发病率和死亡率的唯一有效方法。

第八节　物联网技术在制造领域的应用

一、制造业概述

制造业是指对原材料（采掘业的产品和农产品）进行加工或再加工，以及对零部件装配的工业的总称。制造业直接体现了一个国家的生产力水平，是区别发展中国家和发达国家的重要判断条件。制造业在世界发达国家的国民经济中占有重要份额。制造业包括产品设计、制造、原料采购、仓储运输、订单处理、批发经营、零售等多个方面。

实践证明，制造业信息化综合集成应用是大型集团企业信息化的大势所趋。国外许多大型企业一般通过数字化技术的综合集成应用，实现了产品研制、采购、销售等在全球范围内的协同管理。因此，产品创新设计、异地协同制造、集团企业经营综合管理等信息技术的集成应用是提升我国集团性企业核心竞争力、参与全球竞争的重要技术武器。制造业信息化经历了一段较长时间的发展。在生产制造中，只有科学的流程化管理才能真正带来效率的改变。

采集数据恰恰是物联网较为典型的应用形式，物联网因其具有实时性、精细化以及稳定度高等特点，可对生产过程中的设备物料以及环境物理量等多种数据进行采集和传输，可满足精益制造的多种要求，从而使制造业的信息化建设落到实处，并可提高效率、减少浪费。

当前，我国正在加快推进新型工业化的进程，新型工业化的首要任务是进一步推进信息化与工业化深度融合，但目前仍面临着一些需要解决的问题。例如，两化融合的核心技术和创新水平有待进一步提高。而进行两化融合的重要基石是掌握工业化与信息化融合关键技术，直接关系到两化融合能否顺利推进。两化融合关键技术包括设计智能物流关键技术、电子商务关键技术、自动化关键技术、工业控制自动化关键技术、技术改造关键技术等。物联网作为两化深度融合的关键技术，工业物联网的应用不仅将改造提升传统产业，促进先进制造业的发展，更将培育发展新兴产业，促进现代服务业的发展。

1. 物联网在工业中获得广泛应用

物联网成为促进工业控制能力与管理水平持续提升的重要途径，信息技术的发展提高了工业领域数据采集（信息获取）、传递和信息处理方面的能力，从而推动了工业生产的控制与管理手段的进步。传统应用中简单的数据采集将发展成为具备智能处理能力的信息获取，并进一步向着网络化和微型化方向发展；数据传输的数字化和网络化已成为现实，形成了集散式系统、现场总线等新的工业控制基础设施；生产管理逐渐从生产企业内部扩大到贯穿于设计、制造、销售及回收的整个生产链；在设计、制造企业生产组织模式、集成技术及支撑软件平台、现代物流、供应链、电子商务等方面，大量控制技术及系统软件应运而生。

物联网应用于装备制造企业生产加工等领域，可以协助完善和优化生产管理体系，能够提高生产效率，降低生产成本。通过 RFID 技术、宽带接入技术和云计算等实行对生产车间的远程监测、设备升级和故障修复，对现场工作人员进行实时监控和管理，在生产车间做到所有产品相关信息充分共享。对于在设备制造过程中出现的种种问题可以第一时间解决，发现任何与程序有关的细小误差都可以及时解决，并通过物联网进行远程修复或者联系现场人员进行人工修理，大大降低设备的返修率，提高成品的出厂率，避免大量后期人力、物力的资源浪费。

当一个重型设备出厂时，后续往往跟着大量的设备零件和技术工人的组装维护。通过 RFID 的即时跟踪可以及时有效地发现是否所有的设备和相关零件都已经被打包运输，做到完整的设备运输，防止半路货物中转时发生零部件丢失或者损坏。一旦发现零部件丢失或损坏，可以第一时间联系生产车间，进行及时的善后，防止企业的形象和信誉受损，以及给企业造成不必要的经济损失。

对于装备制造业，一旦生产制造出的产品在用户现场出现故障，就需要企业派人前往现场进行检修、处理和修复，需要企业投入大量的人力、物力、财力，更重要的是由于售后服务人员赶往现场解决处理设备故障时需要一定的时间，因此，一旦出现问题就有可能费时费力。而利用物联网技术，就可以把所有生产出来的产品和设备通过 RFID、视频监控、各种报警装置与互联网联系起来，搭建一个远程的设备监管平台。产品设备的制造商接入专门的节点，通过远程监控的办法，对设备进行实时监控，对可能出现的问题进行及时的提醒和处理，做到安全第一，以预防为主。

2. 物联网应用涉及工业领域的多个方面

（1）制造业供应链管理

物联网应用于企业原材料采购、库存、销售等领域，通过完善和优化供应链管理体系，提升了供应链效率，降低了生产成本。空客通过在供应链体系中应用传感网络技术，构建了全球制造业中规模最大、效率最高的供应链体系。

（2）生产过程工艺优化

物联网技术的应用提高了生产线过程检测、实时参数采集、生产设备监控、材料消耗监测的能力和水平。生产过程的智能监控、智能诊断、智能决策、智能维护水平不断提高。钢铁企业应用各种传感器和通信网络，在生产过程中实现对加工产品的各项参数的实时监控，从而提高了产品质量，优化了生产流程。

（3）产品设备监控管理

各种传感技术与制造技术相融合，实现了对产品设备操作使用记录、设备故障诊断的远程监控。通过传感器和网络对设备进行在线监测和实时监控，并提供设备维护和故障诊断的解决方案。

（4）工业安全生产管理

基于物联网技术，把传感器嵌入和装备到矿工设备、矿山设备、油气管道中，可以及时了解危险环境中工作人员、设备机器、周边环境等方面的情况，将现有分散、独立、单一的网络监管平台提升为系统、开放、多元的综合网络监管平台，实现实时感知、准确辨识、快速响应和有效管控。

3. 物联网技术促进工业领域节能减排

我国工业自动化和信息化水平为发展工业物联网提供了良好的基础条件。与此同时，国家两化融合战略、产业振兴战略的提出，对信息技术在传统产业的融合应用方面提出了新的要求。我国制造业面临着提高生产制造效率、实现节能减排和完成产业结构调整的战略任务。物联网技术在工业领域当中的应用将对企业的生产、经营和管理模式带来深刻变革，特别是对于精度要求极高的超精密加工制造，高温、高压、高湿、强磁场、强腐蚀等极端条件下的制造加工等领域将产生深远的影响。

作为世界制造业大国，我国现有工业规模为发展物联网提供了良好的基础条件和市场空间。

特别是在制造业领域，产业链长、企业规模大、产业结构复杂，为物联网发展提供了巨大的市场优势。同时，国内通信服务与通信制造产业能力较强，符合建立工业物联网应用的网络基础条件。

二、物联网工业生产应用

1. 车间管理系统

物联网的技术之一是 RFID 技术，它在传统制造业中的应用是面向制造业的工业信息化应用系统，利用高新技术特别是自动化技术、信息技术对制造业进行有益的改造和信息服务。RFID 在传统制造业中的应用一般针对我国制造业的实际情况，以开发先进的、集成化的、面向生产线的管理软件为目的，可以有效地提高制造企业的运行效率和服务质量。

将 RFID、JIT、MES、网络等技术应用于生产管控，可有效地指导工业流程，实时、准确、全面地反映生产过程状态信息，与 ERP、CRM、SCM 形成良好互补，推动"透明工厂"的建设，推进生产、管理和组织架构的优化，推动 JIT 生产模式的实现；将物料与在制品的追踪管理与品质、效益、效率、仓管、物流等密切结合，可促使车间劳动者、生产者与物料供应商形成利益共同体。

RFID 在传统制造业中的应用（MES）充分利用 RFID 的特性，适应国内传统制造车间的环境要求，具备防潮、防雷、破电磁干扰、防热、隔油等特点，采用特定的、可安装于复杂工业现场的 RFID 数据采集终端，满足对物料、在制品无接触自动采集需要，并为管理系统提供信息输入接口和查询界面，方便管理人员随时查看和决策。

同时，在 RFID 数据采集终端的基础上，以物料及在制品跟踪为核心，开发出一套具备软件基础平台和系列应用模块的车间级生产执行管理系统。

运用 RFID 技术，可以改善传统工作模式，实现制造业对产品的全程控制和追溯。而开发一个完整的、基于 RFID 的生产过程控制系统，就是将 RFID 技术贯穿于生产全过程，形成企业的闭环生产。

2. 物料、仓储、供应链管理

车间管理系统主要解决了生产过程中实时监控和管理的需求，集中于企业内部生产线的问题。这里的物流、仓储、供应链主要是围绕产品的外围运营来发挥作用。

以仓储系统为例，面对每天都要重复进行的收货、入库工作，如何才能快速完成大批量货物的快速核对、收取是一个库管人员必须面对的问题。传统的通过在货架上贴手写卡片来区分货位的方式，不仅费时费力，还经常会发生取错货物和多次重复取货物的错误，管理效率较低。同时，大仓库停业盘点所造成的损失是显而易见的，但是不进行盘点又无法真实地掌握库房的情况。在整个仓库作业中，叉车的资源相对稀少，如何将其充分利用是提高整个仓库工作效率的一个关键。要想充分地利用叉车，就必须通过管理系统进行叉车的调度，使其始终在最高效的线路上处于满负荷的工作状态。

第六章 物联网技术的应用创新路径

第一节 加强物联网技术规范研究

一直以来，物联网的非标准化问题都是阻碍市场发展的重要因素，这一点在智能家居场景中表现尤为明显。

不同设备制造商的设备接入不同的智能家居平台，不同平台之间协议、标准均不一致。为此设备制造商要耗费成本针对每一家平台进行适配。而不同标准的设备之间不能交互，即使目前有云端对接和语音服务融合的处理方式，仍然有很多路走不通，例如近距离 M2M 通信、云平台之间的适配问题等。

这样的问题既阻碍了物联网设备的发展，也阻碍了物联网应用的多样化发展。因此，物联网的标准化是其市场进一步发展绕不开的问题。

要想进一步了解物联网的标准化，首先必须了解物联网的结构。

在物联网的概念中，"物"的定义是非常广泛的，包括各种不同的物理元素，既包括各种设备，也包括环境。物联网则将数量庞大的设备和物体作为一个个元素接入互联网中，提供数据、信息和服务。

也就是说，物联网首先是以互联网技术为基础，在物体与物体、物体与环境之间构成连接，并且根据实际应用不断进行技术更新的，并与云计算、大数据、人工智能等技术相结合，服务于人、环境、生产和社会。

而随着物联网的发展，人们提出了物联网的技术体系框架，从可实现的角度对物联网的发展进行了总结，将物联网系统分为四个层面：感知层、传输层、支撑层和应用层。

（1）感知层主要是对物体进行识别和数据采集。

（2）传输层是通过现有的通信网络将信息进行可靠传输。

（3）支撑层则是对采集的数据进行存储、展示和智能处理。

（4）应用层是通过组件技术将应用程序的功能模块化、标准化。

基于上述的四个层面，我们可以进一步分析。在感知层，基于物理、化学、生物等技术发明的传感器标准已经拥有许多专利。而传输层的各种通信标准也基本成熟，建立新的物联网通信标准的难度较大，成本较高且可行性较小。所以，物联网标准的关键和亟待统一的是关于应用层的标准，而其中尤以数据表达、交换和处理标准为核心。

现有的物联网应用层的数据交换标准大多是针对某一特定领域或行业业务提出的，具有一定的局限性，缺少统一的数据交换标准体系。总体来说，物联网的标准化工作已经得到了业界的普遍重视，但对于应用层的标准化来说，重要的是客观分析物联网标准的整体需求。

就目前情况而言，我国物联网技术的发展并没有开发核心的技术，因此加强物联网技术的创新应用，需要加强核心技术的开发。围绕我国社会应用或产品的急需，突破社会感知数据的标准与领域针对传感设备，利用多元化智能决策与云服务等关键技术，开展社会资源与人工智能管理与应用的发展策略。开发出适应环境强、低成本的核心理论，并根据不同领域设置相应应用标准，根据标准开发各领域的核心技术，并推动物联网技术与移动通信、云计算、云服务等领域进行融合，打造出适合于各领域的智能产品。

第二节　建设物联网技术集成平台

物联网平台并没有一个标准的定义，就如物联网并不是一项新技术，而是已有技术在新情景和新用例中的应用。每一个行业巨头都可以根据自己的业务特点，整合业务和产品线，抽离共性技术、业务流程等重组出一个"业务平台"，并称之为物联网平台。例如，系统服务/软件厂商通过开放开发工具、API 来搭建一个 AEP 平台；工业巨头将某一细分领域的 Kown-how 数字化并封装成一套解决方案，便能够提供一个工业互联网平台。

当然，一个平台的搭建并没有说的那么简单，它是一个系统的工程，需要上下游的资源整合优化，以及根据业务需求和顶层规划进行有逻辑的重组，而不是简单的叠加。

基于平台供应商数量众多的现实，大多数的供应商只能提供平台能力的一部分。实际上，这类公司并不能被称为物联网平台提供商，如果仅仅提供连接管理或者应用使能这类简单功能，那么只能被称为连接管理平台或者应用使能平台，而不能称为综合性物联网平台。

物联网平台功能类型有：ICP（基础设施云服务平台）、CMP（连接管理）、DMP（设备管理平台）、AEP（应用使能平台）、BAP（业务分析平台）等。

面对物联网技术的创新发展，亦需要构建出相关领域的技术集成平台。以金融保密技术作为例子，构建金融产业收、检、控的高效服务体系以及服务环境。基于网络终端服务群体模式，以及将互联网泛在网络作为基础，研究金融领域安全环境监测、资金收取环节监测、人员信息保护环境监测模型。利用物联网感知节点对模型进行部署，完善统一网络服务空间，对金融领域进行远程实时报控，将数据进行框架式的融合，设立金融管理智能决策系统与自治控制系统，进而构建可扩展规模、可复制网络、可互联各部分网络基础的金融物联网技术集成平台，为金融领域的安全保驾护航。

第三节　加强物联网产品设备检测

在世界各地，依然有一些出色的产品，它们走的是小而美路线，试图用物联网的理念来做更加有趣的事情。

一、物联网实验室

在优秀的物联网产品中，给我印象最为深刻的就是微软推出的物联网实验室了。尽管微软当前处于相当纠结的转型期，我还是很看好这款产品。在物联网实验室平台中有各个地点各种环境下的感知节点，用以采集各种数据，用户可以免费登录并且使用平台中的参数来做实验，就好比他们亲自到实地做实验一样。这样极大地方便了用户，并且也非常符合"物物相连"的思路。

最关键的是，这种模式会随着用户的增加而增加接入设备，从而不断提升吸引力，而且降低开发成本，是一个最大化调动用户力量的开放式平台。

二、物联网应用开发平台

这个年代做平台，可以说"不开放则死"。在 ThingWorx 上，不仅很多设备（物体）是相连的，企业和人也是相连的，大家可以基于这些互联的物体与用户进行应用开发。通过平台快速组建设备，通过混搭生成器快速创建界面和功能，这样的高效率吸引了大量的用户。通过开放，将更多的设备和软件接入物联网，它将会越来越成功。

三、物联网搜索引擎

目前的互联网搜索引擎的搜索方式大都通过关键词的方式，因为这是互联网用户的习惯和需求根本。而在物联网时代，我们需要了解的信息将通过怎样的方法搜索到？

答案很有可能是 ID，今后每个联网的物体都会有其单独的身份识别号，这个类似身份证的东西就是它的 ID。通过搜索 ID，我们会知道这个 ID 对应的物体各方面参数是怎样的，包括位置、温度、声音视频信息等。其实现在在打开网页或者联系某个人的时候，都会用到 IP 或者唯一的电话号码，今后联系某个物体的时候，也会用类似的号码。这个物联网搜索引擎创意看似离谱，其实很有前景。

在物联网行业从来都不缺乏创新，只是创新的思路可能会有一些问题。在模式和方向上或许大家需要多多像这几个团队学习，而不是功能堆砌，然后被冷落。

加强对物联网产品设备的检测是保障物联网创新发展的应用策略的根本。以农业领域为例，规范农业物联网技术产品准入门槛，是保障农业领域工作稳定的基础。同理，加强物联网产品设备检测，亦是保障物联网技术稳定应用于各类创新领域之间的基础。此外，需要将物联网技术发展设备与技术监测中心达成合作，针对我国社会上可能出现的物联网领域中各类产品进行性能、稳定、准确、可靠、可适应性进行有效检测。确保物联网技术产品的标准化与合格化，从而为创新应用打下基础。

第四节 加强物联网应用布局与政策

物联网已逐渐成为家喻户晓的新兴概念。在 IT 信息技术、CT 通信技术、OT 运维技术的大力推动下，人们的观念，也发生着一系列的变化：最初，大家以为有一个 RFID 标签、二维码就叫作物联网，认为搞物联网就是做物流；后来，大家认识到物联网是一个复杂的传感网络，认为物联网就是做传感器的；现在大家已经意识到物联网潜力巨大，并且物联网应该是一个生态系统。

诚然，物联网在过去发展的过程中，经历了种种困难，在未来的进程中，也必然会历经崎岖，如何在未来发展中占一席之地？也许，偶然的一次静心阅读，会给你刚刚好的启发。

众所周知，物联网市场规模巨大，各巨头纷纷抢先布局，战略、场景、生态，每一因素都至关重要。

物联网时代，单一的产品服务无法满足客户完整的需要。生态的构建既是供给侧的发展需要，也是为需求侧提供更好的服务。一方面，企业需要构建端到端的物联网解决方案；另一方面，需要开放生态，一起做大、做优物联网服务。在整合与被整合之间，企业需要找准位置，提升服务能力，同生态合作伙伴共谋发展，新华三在物联网布局过程中，秉承开放的合作心态，将物联网各层服务开放给合作伙伴，共同打造物联网生态服务。

从业界的生态格局来看，很多物联网公司都聚焦在某一细分领域，或专注于底层的传感器，或专注于上层的具体应用。而物联网平台提供商，例如新华三搭建绿洲的云平台以及云网端一体化的操作系统帮助客户提供从云到端的解决方案。在云端，为用户提供云端连接装置；在终端，为用户提供通信模组，将 OS 提供给合作伙伴，自动连接绿洲，为客户提供打通云端的能力。

从服务能力来看，物联网不仅需要全面的连接能力，更需要云计算、大数据、大安全等全面的物联网解决方案。例如物联网安全特别重要，如果数据被人篡改，整个网络接收的将全部是虚假信息。OneOs 作为开源的物联网操作系统，可提供一些基础的应用功能，从硬件到应用接口提供全套的安全服务。并且可以运行于其他平台，扩张系统服务范围。

从纵向深耕的角度来看，个性化解决方案才是正道。将一个行业的应用拷贝到其他行业固然是一个投入最小，收益最大的解决方案。但事实上，各行业市场需求不同，各用户也希望方案提供者给予定制化的方案，将效益提到最高。面对行业壁垒，建立售前咨询团队以及定制化开发团队显得尤为重要。一方面，售前团队收集客户需求信息，帮助定制化开发团队找准定位快速切入各个行业；另一方面，DevOps 体验式开发有助于定制化团队快速响应客户需求，以实现快速开发和加速迭代。

环境物联网应用布局是指物联网产品应用比重的设立，而政策环境是创新物联网技术应用的保障。加强物联网应用布局可有效利用有限的资源设计出有用的应用设备。为此，以农业物联网应用为例，提出应用布局的策略。农业物联网中，养殖业比种植业需求大，在对农业的设施上也较种植需求大。所以可以建立农业物联网工程测试专项，围绕农业产业化企业与合作机构进行合作，针对产业优势合理设置物联网技术应用重点，保障创新应用领域的可实施性较高。此外，物联网技术有着投入高、风险高的特点，需要政府加大对其的资金投入力度，制定相关政策体系，为物联网技术的政策环境进行优化。

物联网技术是当代社会发展的重要产业之一，亦是我国迅速发展的关键，因此需要顺应物联网技术发展的潮流，并不断对其进行创新，才能对我国社会的发展起到加强促进的作用，进而提高我国国力。

第七章　物联网技术应用成效

第一节　物联网技术促进了产业大发展

一、物联网促进了网络化、智能化产品与装备的大开发

物联网，顾名思义就是在大数据云存储与云计算的支持下，使物与物相联并高效运作、发挥作用的网络。因此，物体的网络化是其最根本的要求。同时，它也带动了各类物体，包括固定的、不固定的（移动的）在网络化基础上的智能化、服务化、低碳节能的绿色化。在物联网"云、管、端"三者的实际应用中，智能终端的使用量远远大于"云"与"管"的规模，不仅远远大于第一次工业革命带来的产品与装备的开发规模与业务价值量，而且远远大于第二次工业革命带来的开发规模与业务价值量，也大于第三次工业革命的开发规模与业务价值量。这是物联网带给人类社会发展最大的"礼包"。从战略全局看，这是最值得重视的领域。因此，要把网络化、智能化的新产品、新装备开发作为物联网最大的机遇来利用。

物联网带来新型产品、装备开发的机遇，具有领域与水平广泛的特点。

（一）可开发的产品与装备的领域相当广泛

产品、装备的网络化开发，包括生活消费类的各类物品，建设类的设备与工程，生产制造类的各种投资装备，计量检测服务类的数字化可视化新型识别、定位、检测、计量装备（如各类传感器、射频识读终端、视频监控等）四大系列，智能化新型产品与装备网络化的开发方法，主要是通过工业设计与创新设计，为传统产品、传统装备装上网络化的各类传感器、各类芯片、内部控制或操作软件。就像前几年"犀利哥"照片走红网络时发明的一个词叫作"混搭"那样，呈现传统产品、传统装备与各类传感器、芯片、软件空前广泛的"混搭"新时尚，"混搭"早的早发，"混搭"好的多发，"混搭"妙的久发。给衣服纽扣、鞋子"混搭"上传感器，就可以跟踪穿着的人并随时予以时空定位，防止智障老人与幼儿走失；玩具加装电子产品就是智能玩具。给桥梁、隧道、大门、

围墙等各种建筑装上传感器等，既可以检测计量出各建筑工程的结构构件的负荷变化状况，保障工程的安全，还可以形成工程的智慧安防能力，防控并记录各种非法侵入行为，保障工程设施使用者的安全。各种网络化及数字化可视化的新型检测计量装备的开发，为零排放零伤亡的工业制造与工程建设开辟了绿色安全的新通道，为环境安全、生产安全的物联网制造方式，特殊工程的物联网建设模式提供保障。把网络化、自动化与控制芯片加装到各类装备上，可以生产出由网络远程控制的无人驾驶汽车、无人驾驶飞机（无人机）、无人操作的生产线、无操作人员的物联网工厂、地下管道疏浚的机器人，可以开发出各种服务型的装备（不能把技术与装备分离开来）。应该指出的是，服务型装备是技术软件与装备硬件一体化的模式，对这种模式不可以简单地按生产性服务业进行分类，就像不能把人与呼吸系统分开的道理一样。如果一定要分类，应该称为"服务型装备制造业"。

我曾经在浙江嘉兴看到一家生产 LED（节能灯）产品的企业，这个企业的老总是位年轻且有现代科学素养的人。他听了物联网的培训课后，灵机一动开发了一款网络手机控制的"家用 LED 灯加微型网络音响"产品。我们能看到的只有 LED 灯，看不到音响。LED 灯的灯光色彩与强弱可以通过网络手机调控；音响的歌曲也可以用智能手机从网络中点播，音量也可由手机控制。这个"混搭"型组合的产品上市后，在发达国家很畅销。问其原因，客户反映该产品有两大优点：一是它是利用无线网的设备，解决了家里有线网重复布线的烦恼；二是能更加巧妙、有情调地利用家庭的有限空间。

（二）可供开发的水平层级非常广泛

物联网应用现在仍处于初始阶段，初级水平、中级水平、高级水平的智能终端均有市场客户。对于中国这样的发展中国家而言，对于浙江这样长期以低端制造、中小企业为主的省份来讲，这样的市场准入机遇更为宝贵。我们完全可以从初级水平或中级水平的可联网的智能产品与装备开始介入，在不断积累技术、经验、客户、人才的过程中逐渐向高水平演进。

（三）可适用的企业面广量大

产品、装备、工程等领域的多样化开发，技术水平的多层次开发，为面广量大的各类企业、各类市场主体都提供了宝贵的机遇，无论是生产一般消费类产品的企业，还是生产装备类投资产品的企业；无论是生产成套装备的企业，还是生产配件、组件的企业；无论是生产工业制造装备类的企业，还是生产工程施工装备类的企业；无论是从事产前、产中的产品制造与服务的企业，还是从事工程建成后的运维服务型企业，都可以从物联网的发展中，包括各类智能终端的开发中寻找到商机，寻找到新的客户与市场。

二、物联网促进了电子产业的大发展

物联网的器物终端、机器与装备类终端、机构类终端的发展，促进了专用电子产业的发展，包括各种类型、各种规格、各种系列的传感器、射频识读终端、视频监控设施、空间定位装备、芯片、软件、机器人等各类专用电子器件的应用迅速扩大。与各种市场规模大的通用电子器件相比，虽然有的专用电子器件的批量不一定很大，但开始应用时因先发优势，将会获得丰厚的利润；然后通过系列化的开发，可以获得更多的回报、赢得更稳定的客户。可联网的新型智能产品与装备的大发展迅速扩大了芯片的大市场；各类物联网的建设，开拓了大规模的传感器市场；各类自动化生产线、系统成套装备的发展，开拓了大量的机器人使用市场；道路、隧道、桥梁的安全需求，开拓了能综合检查车辆超重、超长、超高、超温与驾驶员超疲的大型复式计量检测器市场。

各类专用电子应用的快速扩张，其中一个值得关注与利用的特点就是呈现不同水平的多层次发展态势，这同样给发展中的中国浙江省等地方提供了积累性开发的难得机遇。

利用好各类专用电子应用扩张的机遇，各类电子器件生产公司要迅速调整发展战略，以客户为中心，迅速走上与专用智能终端客户的协同创新、协同制造、合作发展之路。在公司内部要进行初级、中级、高级水平的组织架构重组，以利于专业分工，加快电子产品器件的系列开发；同时，可以考虑把不同水平层级的制造专用电子产品的分公司设到客户集聚规模大的区域去，实行面对面的生产与售后服务。在公司的营销上，要改变依赖通用产品客户的传统营销模式，采取送可联网产品与装备的设计图纸上门、送新型产品与装备智能开发方案上门的营销模式，为专用电子客户提供"吃现成"式的服务，让没有技术队伍的企业也能抓住物联网的发展机遇。这样可加快公司客户的开发，获取更加丰厚的利润，并建立长期稳定的客户关系。利用好这个机遇，对于各区域来说，就要认真分析并确定其辐射半径内的规模量最大的专用电子的客户，通过定向招商，引进、扶持国内外专用电子创业团队创业，尤其是有经验的海归创业团队，引进整车、整机、成套装备类的工业与创新设计公司、工业工程公司、专用电子产品开发公司，抢建专用电子与软件产业基地。

三、物联网促进了各类专用软件的广泛开发与应用

与互联网不同的是，物联网的软件开发是个性化、多样化、定制化的过程。物联网智能终端的多样性、规模化，给各种嵌入式软件的多样性开发创造了机遇，为不同水平层级、不同大小规模的量身定制的嵌入式软件，提出了不同寻常的企业生产供给方式，适应不同客户水平的"一键通""一指灵"的嵌入式软件更容易被智能终端的制造客户所接受，但同时必须提供可被专用网、泛在网等"网络跟踪控制"的可联网的便利。

网络提供的"众集""众包"尤其是"众创"的机遇，使社会一步一步地进入"玩软件"的时代。各种与专业数据库相适应的自动智能化软件，成了人们便利使用的工具，甚至成了年轻人快乐工作的"玩具"，市场扩张速度令人咋舌。工业设计、创新设计的通用软件，在设计人们日常消费品时，通过调取日常消费品设计数据库的各种模块、色彩与结构的模型，再进行各种内在功能与外观色彩的优化，人们可以像玩积木一样来设计新产品，这使得工业设计、产品设计的通用软件客户大量增加。工业设计的大型专用软件，如船舶整体设计、环保成套装备设计，将以个性化、产业性强的特色来加快市场开发。各种制造过程的自动化控制软件，各种生产过程与不同业务、不同类型的网络化、可视化、智能化的实时检测计量、实时定位跟踪、实时在线控制的"组合型软件"，各种与业务内容、业务流程管理相融合的量身定制的、以局域网应用形式为主的物联网业务操作系统软件都将依次浓妆登场。物联网应用市场上演着：大的软件带着小的软件"共舞"，通用软件、专用软件"齐飞"，实时定位计量软件与网络控制软件合作"精妙绝伦"，业务操作系统软件"主角"演绎着"辉煌"。

四、物联网促进了大数据、云服务等网络服务产业的大发展

物联网技术与互联网技术的进步一样，必然带动网络产业的蓬勃发展，具体体现在：一是推动云服务产业的发展。云存储是在云计算概念上延伸和衍生发展出来的一个新概念，是指通过集群应用、网络技术或分布式文件系统等功能，将网络中各种类型的存储设备通过应用软件集合起来协同工作的一种商业模式。如果一些城市大量的居民、企业、事业单位、公共服务的数据存储与业务计算的服务实现外包，将大大加快大数据、云制造产业、云服务产业的发展，开发出都市高端产业发展的新业态，爆发出大数据、云计算产业发展的正能量、新能量。二是促进云工程产业的发展。云工程产业是加快物联网应用开发的新型商务模式，是推进物联网产业、新工业革命的"发动机"，体积不大能量大，消耗资源不多作用大，应重点加强培育、创业资助、支持做强。具体来说，促进云工程公司发展的可行举措有：

一是引导支持成套装备设计公司、成套装备制造公司、大型科技型集团公司、大型软件开发公司、科技型网络专业服务公司新建或联合组建云工程公司与云服务工程公司。由浙江中控集团新组建的"能源云"服务与工程公司取得的进展，令人欣慰，这足以说明，这样的新建重组是一条可行的成功之道。二是优先支持云工程公司、云服务工程公司建立重点企业研究院，支持加快技术型的市场开发团队、云工程设计团队、云工程施工团队、操作软件开发团队、售后服务运维团队的建设，要走"专业结构合理、人才合作融洽、人文生态和谐"的人才强企之路，三是实行重大科技专项优先支持的政策，加紧对设立"科技重大工程专项"予以重点支持。浙江嘉兴光伏高新区引进的国家电网研

究院，以研发的分布式光伏发电云计算管理服务软件的技术入股与万马集团组建的"光伏发电云服务管理与工程公司"，发挥了先发优势，同样说明抓住物联网发展"产业命脉"的重要性。四是要试行市场开发的首个业务示范。这反映了高技术应用的复杂性与让人们认知并接受必然有个过程的规律，实践的力量最能说服人。浙江省之所以开展20个智慧城市的业务试点，正是遵循了这种高技术业务应用的社会认知与接受的过程规律。现在，浙江省的"智慧能源"与"智慧高速"，宁波的"智慧健康"，杭州的"智慧安监"，诸暨的"智慧安居"示范试点，也证明了这样做的必要性。这个道理也类似于装备的首台套采购使用，实质上是物联网业务的首个合同的业务示范。出路是要实行物联网应用的首个业务合同议标，并开展市场开发的业务公开示范试点。方法是通过专家与各方面民主评审的程序，开展对各高科技公司提供的业务公开示范方案的比选，择优选定承接首个业务合同的企业；同时，对业务示范试点要按责任书或合同全程跟踪监管，定期公布示范试点的进展，动态确定继续试点或中止试点工作；最后以最终的示范试点体验促进物联网业务应用市场的开发，促进优秀公司的诞生。

五、物联网促进了网络安全产业的大发展

物联网、互联网产业的发展，如同冷兵器时代那样，有了"矛"的兵器，自然就诞生了"盾"的兵器。确保网络安全是一个复杂的系统工程，主要应通过法律治理、制度规范、标准建设、强化执法来保障，但同时要通过发展网络安全产业来提供专业的技术保障。这为网络安全产业的发展也创造了机遇，具体表现为：一是推动了网络安全专用芯片、软件、装备的发展。二是推动了网络监管技术服务业的发展。三是创造了网络安全工程业的发展机会。如同战争战略纵深防御一样，对涉及网络安全过渡圈层、网络安全圈层、网络核心安全圈层的安全防御保障，必然为网络安全工程业的发展提供机会。同时，根据物联网可相对独立的运作特点，可考虑有条件选择某些工厂、城市的物联网采用专用芯片、专用软件、专用大数据云存储云计算的设计，以保证其安全。这样，也扩充了网络安全的工程产业的内涵。四是加快网络执法工具与大型数据库开发利用能力的建设。如同实体社会的刑警、巡特警、治安警需要武器装备一样，虚拟社会的网络执法，同样不能只凭警察的"两条腿去追犯罪嫌疑人的汽车"，同样需要开发大量的网络巡查工具、证据搜索并加以固定的工具、证据损坏的恢复工具，需要建设与犯罪嫌疑人的图像数据、语音数据、疾病损伤生理特征数据、携带使用电子工具（手机等电子产品）数据、饮食生活特征与家居数据、出行车辆等关系数据、社会交往圈的关系数据等进行比对的大型数据库。

六、物联网加快了在线实时识别、定位与计量检测装备的创新发展

在线实时可视化识别、定位与计量检测装备发展，源于电子信息技术的创新突破。随着网络应用的不断发展，关于重量、温度、湿度、浓度的数字化计量技术迅速获得了突破，并得以在智能感知领域广泛应用；关于长度、宽度、高度的数字化计量与反映时间、空间的位置动态变化的时空位置定位服务与计量技术，各类远红外、高清成像技术、电子射频传感等技术的大量出现，形成了可视化的定位、计量、检测技术集群，改变了过去定位与检测单纯依赖物理与化学分析的方法，进而为在线实时可视化定位与计量检测装备的发展奠定了坚实的基础。

在线实时可视化识别、定位与计量检测装备的发展，还得益于网络产业应用需求的拉动。化工、建材、皮革、印染、造纸、钢铁等制造工业，尤其是流程工业的绿色、安全、节约的制造过程控制，特别需要相应环节进行实时可视化的计量与检测；各类工程建设，尤其是大型、复杂环境的工程施工，同样需要实时与准确的定位与计量；智慧交通，对油、气、水、电等管网的安全监控同样需要实时的定位计量装备；室外的大气雾霾、河流水质、土壤分析的环境检测，无论是正常天气还是恶劣天气，都需要精确的检测数据；人们开会、上班出勤登记、食品药品的便携式检查，同样需要精准与可靠的检测装备；从农业的棉花采摘、西红柿采摘到茶叶采摘的智能采摘机、自动化的机器人，同样需要准确、可靠、高水平的色彩辨识与计量定位技术。物联网的出现，扩大了在线实时可视化检测定位装备的应用领域与市场，改变了原有的检测定位模式，提高了可视化实时定位检测的要求，凸显了发展可视化、实时定位检测装备的重要价值。

在线实时可视化定位检测装备的发展意义重大，附加值高、技术水平高、市场容量大，关系到物联网的应用，是物联网产业链中的相对"短板"，因此要大力发展，要加强在线实时可视化定位检测的技术创新投入、力量投入与注意力的投入，抢占这个领域自主创新、物联网产业命脉的技术制高点；要立足于应用促发展，充分发挥市场机制对企业技术创新的激励作用，完善鼓励做强产业链的政策，引导企业大力发展专用的过程制造实时可视化计量定位检测装备，推动石化、医化、造纸、印染、皮革等网络成套制造装备向绿色、安全、节约方向提升；大力发展油、气、水、电的专用可视化的分段计量、检测与适度控制装备，为智慧油、气、水、电、管网的应用提供保障；要大力发展实时可视化的复杂环境定位检测装备，与环境检测物联网加以集成，为人民群众提供准确的环境检测报告服务，食品、物品安全检测监管服务，更加方便可靠的医疗健康保障服务等。总之，要抓住机遇，重视"短板"，加快创新，促使在线实时的可视化的定位检测装备产业更好更快发展。

第二节 物联网技术促进了市场全面升级

一、物联网带来的是消费、投资、进出口市场的全面升级

（一）物联网带来了消费市场的升级

要满足经济学上讲的"需求"，需具备两个基本条件：一是具有支付能力；二是具有满足需求的产品、装备与服务的供给，二者缺一不可。物联网的发展，提供了满足新需求的产品、装备与服务，创造了新的市场需求，从而引发了市场的升级扩张。

物联网的发展，使新消费品种更加齐全、规模巨大，创造了从物质到精神的新型市场。首先，各类物质消费市场得到了扩张。如通过网络手机控制的新一代空调、家居安全防护的新一代安防装备，针对老年人护理照顾的智能装备，还有满足人们健康需求的各种智能健身装备、保健理疗装备、不断换代的各类电子装备等。其次，发展满足精神需求的网络服务市场。满足人民全面发展的需求，应运而生的是网络在线知识学习、考证培训，让人们获取新知识更方便，学习提升技能更有效，支付执业资格证书培训费用更自觉。满足人们精神需求的，有文化娱乐、网络电视、在线阅读、在线音乐、个人与家庭的照片、资料数据的云存储服务外包。随着监管的加强，云存储服务市场还会继续扩张。最后，网络还提升了传统服务业。如网购的发展，提升了传统商业；互联网金融，引领传统金融的创新；网络购票，拓展了传统客运市场；"智慧旅游"，开发了更多的旅游客源；智能护理，加快了护理市场的发育；智能陪护，细分了老年人等不同人群的陪护市场，推动了老年人等不同人群陪护市场的发展。

（二）物联网带来了投资市场的升级

智能化、网络化、服务化、绿色化的物联网装备与服务，启动了新一代投资市场。

首先是对已有装备的更新改造。用现代的制造方式替代传统的人工制造、半机械化制造与机械化的制造，拓展了巨大的投资市场。出于降低制造成本、提高产品品质、降低物耗能耗与污染处理成本等考虑，进行现代化技术改造成为各类企业的共同选择。据浙江省 2013 年对企业"机器换人"（其实质是现代化技术改造，大家通俗地称为"机器换人"）的调查，一些原半机械化的冲压、打磨、铆焊、上涂料等环节的"自动化机床＋机器人"的更新改造，改善了劳动条件，确保了员工的生产安全与职业健康，还获得了很高的投资回报。有的一年左右就能收回投资，一般的投资回报率也在 30% 以上。"无操作人员车间""无操作人员工厂"模式的"机器换人"，虽然投资回报率相对低一点，但也能达到 15%~20% 以上，比起其他领域的投资，回报率高出很多；而且其投资的装备与系统，服役时间相对比较长，相当合算。

其次是增加了新上项目的投资。物联网装备的投资成本相对较低，获利能力又相对较高，这激发了上新项目、建新工厂、上新工程的投资兴趣。物联网启动的是"服务与装备一体化"的投资市场，这不仅刺激了制造企业的投资，而且也刺激了各类事业单位、城市政府在公共服务等方面的投资。

（三）物联网带来进出口市场的升级

智能化的产品与装备，往往具有节约利用能源与资源的功能，不仅提高了我国产品与装备的国际市场竞争力，也为开发发展中国家的装备市场创造了机遇。原来只为国内市场生产装备的企业，已开始转向国内外市场的一并开发。原来专做一般消费品进出口贸易的大型进出口贸易企业，有的已开始组建技术装备研究院，建立装备工程公司，开发"技术创新研发＋装备工程施工＋国内外市场营销"的新业务模式。这种技术贸易、工程服务、货物贸易相结合的新型贸易公司，将谱写"科技兴贸"的新篇章。

投资、消费、出口是拉动经济发展的"三驾马车"，三者协调推动增长，是转变经济发展方式的内在要求与重要内容。我们应该充分利用物联网带来的宝贵机遇，切实抓好经济发展方式的转变。

二、关键要加强"两个开发"的工作

我们要清醒地认识到：物联网带来的市场，无论是消费市场还是投资市场，无论是出口市场还是进口市场，都是升级版的新型市场，是消费升级、投资升级、出口升级的新型市场。利用好这个新型市场，关键在于抓好技术开发与市场开发的工作。

加强技术开发，重点要提高物联网的产品、装备、软件、工程设计施工、各类网络服务的供给能力。提高企业的竞争力，就要提升企业网络的技术创新能力。首先，要引导企业树立"创新驱动发展"的理念，提高对物联网技术创新的组织能力、协调能力、决策能力。其次，要引导企业加大技术创新的投入，引进网络、电子信息技术等领域的优秀人才，加强一流实验设备的投资，加大研发环节的投入。最后，要深化体制创新，努力营造尊重人才、激活创新的小环境。"鼓励创新、尊重创新、投资创新、支持创新、服务创新"的氛围要更浓厚，体制要更完善，激励机制要更管用，要充分激活创新的每一个细胞。

加强市场开发，就要加强商务模式与商务方式的创新。在商务方式创新方面，要充分利用多媒体技术，以新的方式对产品、装备的功能进行宣传；要以各种方式，鼓励顾客加强对智能产品装备与服务的体验；要通过对产品装备与服务的示范、组织对典型工程的考察等手段，加快客户对智能产品、新型装备、新型服务的认知与认同，在企业内部，还要抓好营销队伍的建设，充实营销工程师的力量，从单纯的商业营销向商业与技术服务结合型营销转变。

成功的技术开发，高效的市场开发，这是促进物联网市场开发的两翼，二者缺一不可。

三、真正做好开放促发展的文章

开放的核心，实质是市场的开放。明、清两代的"海禁"，禁住了我国的进出口市场，禁住了货物贸易、服务贸易与技术贸易的市场。这使我国错过了第一次技术革命与制造业产业革命的两大机遇，导致了近代中国积贫积弱的发展局面。邓小平同志认真总结国内外发展的经验教训，创造性地确立了我们的基本路线，明确了坚持"四项基本原则"是立国之本，坚持改革开放是强国之路。同时，把开放与改革相结合，做出了开放也是改革的重大论断。

开放促发展，就是要利用市场需求促发展。要做好市场换技术、市场促要素引进、市场促产业升级的文章。顺应物联网发展的大势，浙江省工业现代化技改，也就是大家通俗讲的"机器换人"。开放促发展，关键在于"促"字，因此要做好"促"字的文章。我们不能白白把市场拱手相送。要大力宣传"靠近市场生产、挨近客户服务"的理念，加强高科技招商与高科技创业两项工作，明确重点招商的目标，建立高科技招商的队伍，形成巨大的鼓励科技招商、助推科技创业的热潮，切实加强人才团队的引进，抢占物联网的技术、产业、市场的制高点。开放有没有引进人才、引进技术、引进高科技项目，是否抢占了技术、产业、市场的制高点，这将成为衡量开放是否成功的基本评价标准。对于这一点，我们应该有也必须有这种"精明"。

开放可以促进经济发展，这是规律，但不能简单地理解。世界上许多国家的发展也证明，那种不做"促"和转化，简单化的开放或者浅层次的开放，只能一放了之，不一定能够真正促进自身的发展，有些欠发达国家简单化的开放或者浅层次的开放的结果表明其资源被掠夺了，市场被占领了，环境被污染了，先进产业发展的机会又被国外封堵了，本国的就业机会也被挤压了。

在物联网带来市场升级发展的同时，研究开放促发展的命题十分必要。从眼前与长远、从根本与表层结合的角度看，就是要注意做好"进出口总平衡利我"的课题，防止"进出口总平衡损我"状况的发生。同理，要做好"引进来、走出去总平衡益我"的课题，防止"引进来、走出去总平衡亏我"状况的发生。不仅仅是对境外、国外开放，对省外开放也一样。在浙江商人（以下简称浙商）名满天下、誉满全国的背景下，浙商的"出去"与"回归"，也要力求"利我、益我"，防范"损我、亏我"。

四、努力实现摆脱国际金融危机的跨越

要摆脱国际金融危机的不利影响，实现跨越发展，必须着眼于创造新的市场需求，必须寄希望于升级版的市场。现在，物联网创造了升级版的市场，我们要好好地加以利用。当然，在实际运用中，一方面要尽力稳定原有的市场需求；另一方面要加紧培育物联网

创造的巨大的投资、消费、出口的升级版市场，要逐渐实现升级版的市场对原有市场的替代。

物联网市场是消费升级版的市场、投资升级版的市场、出口升级版的市场，是当前与未来推动技术升级、产业升级、市场升级最重要的力量，是产生新型货物贸易、服务贸易、技术贸易的动力，是一个可持续升级、可持续增长的市场。

物联网有两个最伟大的贡献（当然不仅限于这两个贡献），其中之一就是有望促成这场已延续了多年的国际金融危机一波一波影响的逐步结束，但我们不能坐等危机结束。抓住物联网的机遇，各国都在竞赛。我们也要把握好这个机遇，利用好、开发好物联网带来的升级版市场，做好市场应用促创新、应用促要素引进、应用促创业、应用促升级、应用促发展的文章，谱写开放促改革、开放促发展的新篇章。

第三节　物联网技术催生了制造方式的工业革命

物联网是一个产业，同时是一种新型的制造方式，这是物联网最伟大的一个贡献，它有望实现工业制造方式的又一次革命，使工业从机械化、电气化的制造方式，发展到由网络管理或控制的精准化的制造方式。

一、对现有工业制造方式困局的反思

人类社会的发展总是根据自身规律进行的，其中包括否定之否定的规律。

工业化给人类社会创造了比农业社会更多更丰富的产品、财富，给人们带来了更有品质的生活与享受。"无农不稳、无工不富、无商不活，"曾作为经典被迅速传播。但随着技术进步的加速，工业化由初级阶段进入中、高级阶段之后，人们突然发现，工业化带来的可持续发展问题随之产生，且越来越严重：

一是工业消耗的资源与能源越来越大、越来越快。现在一年工业消耗的矿石、水、石油、煤炭、天然气等资源是工业化初期的十几倍，少数品种甚至是几十倍，而地球存有的各种资源、各种能源越来越少，少数品种即将枯竭，因石油这种兼有资源、能源双料性质的物质而引发的国与国之间的争端也不断加剧。

二是工业生产造成的各种污染越来越多，对环境与气候的影响越来越大。水污染面积越来越大，水质越来越差，雾霾的天数越来越多；喝上干净的水、呼吸清新的空气、吃上放心的食品、保持健康的身体，成为人们日益关心与关注的事情，某个化学医药生产企业集中的地方，当地老百姓甚至喊出了"与恶臭为敌、为生态而战"的口号，因环境引发的群体性事件不断增加。

三是因区域工业的发展差别，导致区域、城乡经济发展的差别越来越大。一些农民背井离乡到发达地区、到城市打工，从事辛苦甚至肮脏、危险的工作，新一代农民工进城定居、争取平等地位的诉求越来越强烈，劳资纠纷增加，维持社会稳定、和谐的挑战加大。

四是从事一般制造业的企业，原料成本、能耗成本、污染治理成本、工资成本和财务成本不断增加，比较利润率不断下降，工业制造企业发展面临的内外部环境挑战越来越大。现实的矛盾、诸多的问题，加上某些误导，"工业"一下成为消耗资源、污染环境、影响和谐的代名词。办工业太污染"不值得论"、搞工业太辛苦"不合算论"、做工业不如做其他产业的"去工业论"一时占了上风，工业的发展陷入"左不是，右也不对"的困局。

在探求这种国际金融危机发生原因的过程中，人们逐渐发现导致美国爆发国际金融危机的轨迹：（1）因为工业发展遇到的矛盾、问题太多，加上争夺石油资源的付出巨大，因此美国在政策导向上偏向于鼓励发展服务业，本国居民需要的日用工业品则主要通过进口来解决，意图把制造日用工业品的资源消耗、环境污染转嫁给制造业国家，这也是导致美国后来再次转向再工业化的原因之一。（2）在美国服务业的构成中，由于金融业的地位较突出，更由于美元在国际金融中的支配地位，美国的政策又很自然地侧重于鼓励发展金融业，这又不断地巩固与强化了其在国际金融市场的霸主地位。（3）在金融业的发展过程中，最有作为的又是投资业务。投资领域的利润占全部金融业利润的60%~70%，直接投资与间接投资成了"摇钱树"。因此，在金融业的发展中，投资又成为各种资金的自然优选的领域，投资活动的重心是股票市场。投资的成果要通过股市来评价，投资的回报要通过股市来实现，所以一切投资的动机围绕股市转，一切投资的计划围着股市谋，一切投资的资源围着股市用；投资市场曾一度成为"金融工程专业人才"呼风唤雨的地方。（4）因此美国国际金融霸主地位的利益驱使，加之金融监管体系不适与缺失，美国金融系统向不够条件、还贷能力差的客户大规模放贷，而且这些贷款被不适当证券化，使各种证券的投机操作越来越活跃，过滥证券化、过度证券化问题开始产生，泡沫在累积，危机在发酵。当美国发放的"次级贷款"还债难以为继时，这场席卷全球的国际金融危机就被引爆了。过度的"次贷"、过滥证券化、过度证券化、过分投机、过度的监管缺失，这五个"过"是美国引发这场国际金融危机的教训所在。集中到一点，就是纵容了"过错的信贷""过分的投机"，其实质是信贷与投资活动离实体经济活动越来越远。因此，这次国际金融危机是忽视实体经济发展的金融危机，是一场过度"脱实向虚"的金融危机。

这场国际金融危机的教训使我国更加重视实体经济的发展，尤其是工业制造业的发展。但原有工业生产存在的问题仍然存在，由此又引发了对工业困局如何再认识、如何再破解的思考。经过多方的论证，最后的结论是：（1）关于对资源与能源利用不足的原因，有两个方面，一是资源、能源的浪费首先是在矿产资源开发中，有的开发率只有 30% 左右，大多都在 50% 以下。二是制造环节的浪费。制造环节的利用率一般在 30%~50%，部分环节在 60% 以上。如果能提高资源的利用率，制造业还是大有可为的。（2）造成环境污染的主要原因是资源能源的利用率太低。资源能源的利用率越低，浪费就越大，排放就越多，治理污染的成本就越高。最好的出路是提高制造环节的资源与能源的利用水平，杜绝浪费。（3）工业发展的困局不在于制造什么，而在于用什么方式去制造。只要能够找到非常高效地利用资源、非常节约地利用能源，又能"零排放"的制造方式，现有工业制造遇到的问题就可以迎刃而解。（4）由大数据、云计算的"云脑"代替"人脑"的网络制造方式，是可以实现上述要求的精准制造方式。化学制药厂排放的臭气，源于落后的制造方式，而不能简单地归结于制药本身；发达国家在环境优美的景区都有制药厂，不能把落后的制药方式"这盆污水"同制药产业"这个孩子"一起倒掉。精准的制造方式能最大限度地利用资源，最大限度地利用能源，最大限度地减少排放，是几近于"零排放"的低碳、绿色的生产方式。这种制造方式就是工业物联网的制造方式，这些结论促使美国下决心要进行"再工业化"。

此外，人们还发现，物联网的制造方式是将"虚实融为一体"的发展模式。信息化与工业化的深度融合，是一种把虚拟经济与实体经济融合为一体的发展模式。如前所述，物联网是融装备的货物贸易、网络的服务贸易、高档芯片与云计算技术等技术贸易为一体的发展模式，这就是典型的"虚拟经济与实体经济融为一体"的最好的发展范式。如果我们能从这个角度去理解我国的"信息化与工业化深度融合的实现方式"，那将是一件具有重要意义的事情。

二、网络（物联网）精准制造方式的革命

大数据、云计算、物联网、互联网新技术的突破，催生了精准制造方式革命，这就是网络精准制造方式的工业革命。其本质就是制造过程由工业云与网络、智能装备管控，工业物联网成为主要制造方式，由于企业的具体情况不同，各行业的发展要求也不同，因此不同类型不同水平的网络精准制造方式应运而生。

（一）网络制造方式的构成

1. 工业设计、创新设计是网络制造方式的龙头

工业设计从外观设计不断向产品、装备的功能设计、结构设计、技术的利用设计延伸，把"产品与装备的硬件＋技术与软件"设计融为一体，把产品的设计与制造方式的设计合二为一；创新设计更是把颗的制造设计与各类组件、部件的加工图设计集为一身，且把这种设计的图纸数字化，把发送传输方式网络化，因此一下成为工业制造过程的重要部分、网络协同制造的龙头。

同时，由于网络技术的发展，在网络设计软件的支持下，各种产品的设计相对简化，客户参与设计成为可能；制造过程的网络化，组成产品的各种组件、部件设计实现了模块化、数字化。数字化的每个组件、部件加工图的发送就像手机发短信那么简单。因此，以设计为龙头的网络协同制造模式应运而生。

需要注意的是，工业设计、创新设计是网络制造的组成部分。因此，这与创意产业是不能等同的。

2. 具有网络接入功能的智能化制造装备

原中国工程院院长路甬祥院士对智能化制造有非常精彩的描述：智能设计／制造信息化系统是一种由智能机器和人类专家共同组成的人机一体化智能系统，它在制造过程中能进行智能活动，诸如感知、分析、推理、判断、控制、构思和决策等。通过人与智能机器的合作共事，去扩大、延伸和部分地取代人类专家在制造过程中的脑力劳动，提高制造水平与生产效率。它把制造自动化的概念更新，扩展到柔性化、智能化和高度集成化。

新一代的网络制造装备，不仅自身具有智能制造的能力，同时具有无线网的接入功能，形成了貌似独立、实则为网络制造方式组成单元的特点。它可以是"一台机床＋一个机器人"组成的一个网络化的制造单元，也可以是"一组机床＋一组机器人"组成的一个网络化的制造单元，灵活性大，为分布式的网络协同制造添加了新的适应能力。这种制造方式的价值在于社会化的分工协作，可以为加盟某一紧密型产业联盟的个体工商户、小微企业提供参与制造的机会，特别适用于环境、安全问题极少的行业，也特别适宜于小微企业多的地区。

3. 自动化的生产线

通过泛在网协调的每一条自动化生产线，都是网络精准制造方式的组成部分、一个具体的制造单元，"自动化生产线＋机器人"也是这样的一个网络制造单元。

4. 物联网工厂

物联网工厂往往用于造纸、印染、化工、钢铁热轧、化学医药等容易污染的制造行业。通过物联网的控制技术、数字化的实时计量检测技术、智能化全封闭流程装备的自控技术的集成，能够对每一个阀门、每一台机器、每一个生产环节进行精准控制，防止泄漏，防范事故，在云计算支持的物联网生产、经营的系统管控下，实现信息化的计量供料、自动化的生产控制、智能化的过程计量检测、网络化的环保与安全控制、数字化的产品质量检测保障、物流化的包装配送，保证了全过程、每个环节的精准生产与管控。这个网络制造系统，即使个别环节有泄漏，也可以及时发现，上道环节会通过内置的芯片进行自动调控，包括中断供应与停止生产，控制泄漏量的继续增加，避免环境污染与安全生产事故的发生，实现"零泄漏"与"零事故"。

（二）网络制造方式的分类与具体形式

网络化制造方式，是实现精准制造要求的一种革命性的方式。具体有两种基本的类型：一是在同一个厂区里，通过机联网或厂联网，由云计算平台统一管控每台机器、每条生产线，进行精准制造，这是物联网工厂的模式；二是在不同地区的企业或同一地区的不同企业之间进行的，这是网络的协同制造。欧洲空客公司的大飞机就采取了这种世界性、分布性的网络协同制造模式，许多跨国大公司也采用了这种网络协同制造方式。但是对于大多数非跨国公司而言，对于像中国这样的发展中国家而言，网络协同制造的模式大多采用了以局域网为主的物联网协同制造模式，物联网的协同制造模式有更广泛的适应性。网络统一管控制造与网络组织的协同制造可适用于不同的制造组织架构。

由网络组织协同制造，可以通过泛在网接入一台或多台机器形成制造单元（小企业），也可以接入一条或多条自动化生产线形成制造单元（企业），还可以接入若干个物联网工厂。它适应性强、效率高、成本低，是一种先进的制造方式。了解这些，有利于我们消除对网络制造方式神秘感与高不可攀的误解。

（三）网络制造方式的特点与作用

网络精准制造方式发展了新型工业，颠覆了工业就是消耗资源、浪费能源、污染根源、危险之源的结论，为否定之否定规律再次提供了良好的注解。

三、网络精准制造的实质是发展新型制造工业

网络精准制造方式的革命，包括美国的再工业化、德国的"工业4.0战略"，其实与我们中国的新型工业化是一致的，就是信息化与工业化深度融合的新型工业化。新型工业化包括两个基本方面：一是产品与装备的信息化，或者说产品与装备的智能化、网络化与绿色化。二是制造方式的信息化、网络化。只不过要注意对信息化进行不同阶段的区分，不能停留在初级阶段的理解上，当前，信息化已进入网络化、智能化与云智慧技术的应用阶段。网络化的制造方式，必须有网络制造装备为前提，这二者之间是互促发展的。

因此，利用物联网的机遇，就是要坚定不移地走新型工业化道路，充分利用新一代网络技术的红利，大力发展"新型制造工业"，用"新型工业的制造方式"逐步替代"现有工业的制造方式"。关键是要真正下决心、花力气走好新型工业化道路，务实推进"新型工业"的发展，不要等，不能拖，更不能由于知识能力的不足、缺乏担当而错失这个宝贵的机遇！

参考文献

[1] 田在文. 物联网技术在亮化照明领域的创新与应用探索 [J]. 城市建设理论研究 (电子版), 2024, (2):217-219.

[2] 陆翔, 张哲, 王刚, 等. 农业物联网技术应用及创新发展探究 [J]. 种子科技, 2023, 41(16):136-138.

[3] 徐秋. 关于农业物联网技术的应用及创新研究 [J]. 佳木斯职业学院学报, 2023, 39(7):182-184.

[4] 崔亮亮. 计算机物联网技术在物流领域中的应用与创新方法分析 [J]. 商场现代化, 2023(12):49-51.

[5] 杨国宾. 首届 "世校赛" 物联网技术应用赛项设计与创新研究 [J]. 天津职业院校联合学报, 2023, 25(4):48-53+60.

[6] 汪清林. 物联网技术在灭火救援装备创新管理中的应用 [J]. 中国消防, 2022(S1):146-148.

[7] 宋晓虹. 物联网技术在智慧农业中的应用及发展模式创新探索 [J]. 南方农机, 2022, 53(23):163-165.

[8] 余旺新, 潘小莉, 覃孟扬, 等. 物联网时代单片机原理及应用技术课程教学改革研究 [J]. 黑龙江科学, 2022, 13(21):87-89.

[9] 高苏广, 郑曦, 杨贤亮. 农业物联网技术的实践应用及创新策略 [J]. 中国新通信, 2022, 24(20):89-91.

[10] 梁潇. 物联网技术在物流领域中的应用与创新策略探讨 [J]. 中国物流与采购, 2022(14):119-120.

[11] 豆月莹. 农业物联网技术应用及创新发展策略研究 [J]. 产业创新研究, 2022(12):87-89.

[12] 宋帅华, 简小虎. 智慧生活场域下物联网技术创新应用发展探析 [J]. 物联网技术, 2022, 12(6):67-70+73.

[13] 钱广民, 王翰鹏, 靳超伟, 刘帅, 王海宁. 基于物联网技术的智慧车站系统创新研究及应用实践 [J]. 军民两用技术与产品, 2022(6):23-27.

[14] 夏诗雨.以创新技术服务新型智慧城市建设——华信研究院院长刘九如与时代凌宇董事长黄孝斌等座谈交流物联网技术与应用以及新型智慧城市建设发展趋势 [J]. 中国信息化，2022(5):24-26.

[15] 孙维仁.推动金融科技高质量发展的实践研究——聚焦物联网技术在银行业的创新应用 [J]. 金融电子化，2022(4):22-23.

[16] 赵永志.物联网技术在智慧农业场景中的创新应用研究——基于功率控制的 BLE Mesh 路由转发机制 [J]. 智慧农业导刊，2022，2(2):10-13+16.

[17] 杨明太.农业物联网技术应用及创新发展策略 [J]. 新农业，2022(2):82.

[18] 沈孟如，王书成，王喜富 .. 物联网与供应链 [M]. 北京：电子工业出版社，2022.

[19] 黄姝娟，刘萍萍.物联网系统设计与应用 [M]. 北京：中国铁道出版社 :2022.

[20] 栾学德.计算机物联网技术在物流领域中的应用及创新研究 [J]. 科技资讯，2021，19(35):13-15.

[21] 李媛，杨加，林泳兔.物联网技术在编程教学中的创新应用 [J]. 职业，2021(21):55-57.

[22] 潘旭.农业物联网技术应用及创新发展策略 [J]. 新农业，2021(20):32.

[23] 宗平，秦军.物联网技术与应用 [M]. 电子工业出版社 :2021.

[24] 岑晏青.物联网与新一代智能交通系统 [M]. 北京：电子工业出版社 :2021.

[25] 张琪.物联网在中国的探索与实践 [M]. 北京：电子工业出版社，2021.

[26] 冯景锋，曹志，姚琼.冯景锋；曹志；姚琼.物联网与智慧广电 [M]. 北京：电子工业出版社，2021.

[27] 张晖，高静，付根利，等.大数据环境下的物联网系统 [M]. 电子工业出版社 :2021.

[28] 苏喜生，顾金星，贺德富.物联网与后勤保障 [M]. 北京：电子工业出版社 :2021.

[29] 王雅琴.基于物联网技术的智慧型创新展项设计与应用 [D]. 长沙市：湖南师范大学，2015.

[30] 周路佳.车联网技术在车辆保险领域应用的市场调查研究 [D]. 杭州市：浙江工业大学，2014.